沁水县
耕地地力评价与利用

丁　炜　主编

中国农业出版社

内容简介

　　本书是对山西省沁水县耕地地力调查与评价成果的集中反映。是在充分应用"3S"技术进行耕地地力调查并应用模糊数学方法进行成果评价的基础上，首次对沁水县耕地资源历史、现状及问题进行了分析、探讨，并应用大量调查分析数据对沁水县耕地地力、中低产田地力、耕地环境质量和果园状况等做了深入细致的分析。该书揭示了沁水县耕地资源的本质及目前存在的问题，提出了耕地资源合理改良利用意见，为各级农业科技工作者、各级农业决策者制订农业发展规划，调整农业产业结构，加快绿色、无公害农产品基地建设步伐，保证粮食生产安全，科学施肥，退耕还林还草，进行节水农业、生态农业以及农业现代化、信息化建设提供了科学依据。

　　本书共八章。第一章：自然与农业生产概况；第二章：耕地地力调查与质量评价的内容和方法；第三章：耕地土壤属性；第四章：耕地地力评价；第五章：耕地土壤环境质量评价；第六章：中低产田类型、分布及改良利用；第七章：耕地地力评价与测土配方施肥；第八章：耕地地力调查与质量评价的应用研究。

　　本书适宜农业、土肥科技工作者以及从事农业技术推广与农业生产管理的人员阅读。

编写人员名单

主　　编：丁　炜
副 主 编：崔书林　刁森林　张海艳
编写人员（按姓名笔画排序）：

万宝红	王　瑞	王卫胜	王丽萍
兰晓庆	朱宝林	宋艳琼	张君伟
陈志飞	陈树锋	郑如琴	赵小风
郭永君	陶向东	常景春	崔晓艳
梁海胜	焦鸿雁	窦少斐	魏玉清

序

　　农业是国民经济的基础，农业发展是国计民生的大事。为适应我国农业发展的需要，确保粮食安全和增强我国农产品竞争的能力，促进农业结构战略性调整和优质、高产、高效、生态农业的发展。针对当前我国耕地土壤存在的突出问题，2009年在农业部精心组织和部署下，沁水县成为测土配方施肥项目县，根据《全国测土配方施肥技术规范》积极开展测土配方施肥工作，同时认真实施耕地地力调查与评价。在山西省土壤肥料工作站、山西农业大学资源环境学院、晋城市土壤肥料工作站、沁水县农业委员会广大科技人员的共同努力下，2012年完成了沁水县耕地地力调查与评价工作。通过耕地地力调查与评价工作的开展，摸清了沁水县耕地地力状况，查清了影响当地农业生产持续发展的主要制约因素，建立了沁水县耕地地力评价体系，提出了沁水县耕地资源合理配置及耕地适宜种植、科学施肥及土壤退化修复的意见和方法，初步构建了沁水县耕地资源信息管理系统。这些成果为全面提高沁水县农业生产水平，实现耕地质量计算机动态监控管理，适时提供辖区内各个耕地基础管理单元土、水、肥、气、热状况及调节措施提供了基础数据平台和管理依据。同时，也为各级农业决策者制订农业发展规划，调整农业产业结构，加快绿色食品基地建设步伐，保证粮食生产安全以及促进农业现代化建设提供了第一手资料和最直接的科学依据，也为今后大面积开展耕地地力调查与评价工作，实施耕地综合生产能力建设，发展旱作节水农业、测土配方施肥及其他农业新技术普及工作提供了技术支撑。

　　《沁水县耕地地力评价与利用》一书，系统地介绍了耕地资源评价的方法与内容，应用大量的调查分析资料，分析研究了沁水县耕地资源的利用现状及问题，提出了合理利用的对策和建议。该书集理论指导性和实际应用性为一体，是一本值得推荐的实用技术读物。我相信，该书的出版将对沁水县耕地的培肥和保养、耕地资源的合理配置、农业结构调整及提高农业综合生产能力起到积极的促进作用。

王高勇

2013 年 12 月

前　言

　　耕地是人类获取粮食及其他农产品最重要、不可替代、不可再生的资源，是人类赖以生存和发展的最基本的物质基础，是农业发展必不可少的根本保障。新中国成立以来，山西省沁水县先后开展了两次土壤普查。两次土壤普查工作的开展，为沁水县国土资源的综合利用、施肥制度改革、粮食生产安全做出了重大贡献。近年来，随着农村经济体制的改革以及人口、资源、环境与经济发展矛盾的日益突出，农业种植结构、耕作制度、作物品种、产量水平，肥料、农药使用等方面均发生了巨大变化，产生了诸多如耕地数量锐减，土壤退化污染，次生盐渍化，水土流失等问题。针对这些问题，开展耕地地力评价工作是非常及时、必要和有意义的。特别是对耕地资源合理配置，农业结构调整，保证粮食生产安全，实现农业可持续发展有着非常重要的意义。

　　沁水县耕地地力评价工作，于 2009 年 5 月底开始至 2012 年 12 月结束，完成了沁水县 7 镇 7 乡 251 个行政村的 48.58 万亩耕地的调查与评价任务。3 年共采集土样 3 600 个，调查访问了 300 个农户的农业生产、土壤生产性能、农田施肥水平等情况；认真填写了采样地块登记表和农户调查表，完成了 3 600 个样品常规化验、中微量元素分析化验、数据分析和收集数据的计算机录入工作；基本查清了沁水县耕地地力、土壤养分、土壤障碍因素状况，划定了沁水县农产品种植区域；建立了较为完善的、可操作性强的、科技含量高的沁水县耕地地力评价体系，并充分应用 GIS、GPS 技术初步构筑了沁水县耕地资源信息管理系统；提出了沁水县耕地保护、地力培肥、耕地适宜种植、科学施肥及土壤退化修复办法等；形成了具有生产指导意义的多幅数字化成果图。收集资料之广泛、调查数据之系统、内容之全面是前所未有的。这些成果为全面提高农业工作的管理水平，实现耕地质量计算机动态监控管理，适时提供辖区内各个耕地基础管理单元土、水、肥、气、热状况及调节措施提供了基础数据平台和管理依据。同时，也为各级农业决策者制订农业发展规划，调整农业产业结构，加快绿色食品基地建设步伐，保证粮食生产安全，进行耕地资源合理改良利用，科学施肥及退耕还林还草、节水农业、生态农业、农业现代化建设提供了第一手资料和最直接的科学依据。

为了将调查与评价成果尽快应用于农业生产，在全面总结沁水县耕地地力评价成果的基础上，引用大量成果应用实例和第二次土壤普查、土地详查有关资料，编写了《沁水县耕地地力评价与利用》一书。首次比较全面系统地阐述了沁水县耕地资源类型、分布、地理与质量基础、利用状况、改善措施等，并将近年来农业推广工作中的大量成果资料录入其中，从而增加了该书的可读性和可操作性。

在本书编写的过程中，承蒙山西省土壤肥料工作站、山西农业大学资源环境学院、晋城市土壤肥料工作站、沁水县农业委员会广大技术人员的热忱帮助和支持，特别是沁水县农业委员会的工作人员和乡（镇）农科员在土样采集、农户调查、数据库建设等方面做了大量的工作。农业委员会主任崔书林、副主任刁森林安排部署了本书的编写，第一章、第二章、第三章、第四章、第六章、第七章、第八章内容由张海艳编写，第五章内容由王卫胜编写，常景春、陶向东协助完成编写工作。参与野外调查和数据处理的工作人员有郑香叶、常卫国、陈志飞、李鹏、王卫胜、何美贵、霍敦金、李涛利、李忠楼、张国栋、霍冰祥、张广明、韩永刚、冯引太、万宝红。土样分析化验工作由晋城市检测中心完成，图形矢量化、土壤养分图、数据库和地力评价工作由山西农业大学资源环境学院和山西省土壤肥料工作站完成，野外调查、室内数据汇总、图文资料收集和文字编写工作由沁水县农业委员会完成，在此一并致谢。

编　者

2013 年 12 月

目　录

序
前言

第一章　自然与农业生产概况

第一节　自然与农村经济概况

一、地理位置与行政区划

沁水县历史悠久。据史料记载：沁水夏商属冀州；春秋属晋；战国属韩；秦设端聚；汉立河东郡端氏县和河南郡沁水县；北齐改为东永安县，西永宁县并设；隋复端氏县，后又改为沁水县；元明以来统称为沁水。抗战初期分设沁南、士敏两县；1941 年合为沁水县；1959 年 10 月同阳城合并，改称沁水镇，翌年 10 月分治，恢复沁水县；1971 年将所辖胡底、樊庄、固县、柿庄划归高平，十里、东峪划归长子，1974 年均又全部划归沁水。

沁水县位于太行、太岳和中条山之间，是个七山、二水、一分田的土石山区，属山西省晋城市管辖。在《中国综合农业区划》中属秦岭至淮河以北，长城以南地区。地理坐标为北纬 35°24′05″～36°04′18″，东经 111°56′04″～112°47′20″。东西长约 150 千米，南北宽约 55 千米。境内四面环山，构成了与邻县的自然分界。东与高平、晋城接壤，以老马岭为界；南与阳城为邻，有仙翁山为界；北靠长子、安泽、浮山，有宇峻山、关爷山、香山岭为界。全县国土总面积为 2 676.6 平方千米，是山西省面积第五大县。县城距晋城市政府所在地 90 千米，距省会太原 380 千米。

沁水县境内群山相依、峻岭相连、山峦起伏、沟壑纵横，地质构造复杂，构造线走向南北，地势西高东低，海拔高度不一，最高有历山舜王坪 2 358 米，最低有加丰镇尉迟村 520 米，高低相差 1 838 米。主要有历山、宇峻山、鹿台山、柏尖山、白云山、大尖山、岳神山、仙翁山、牛头山、磕山等十大山脉。清澈的河流溪水 479 条，流域长达 1 548 千米。这些河流溪水汇成沁河、县河、端氏河、龙渠河、苏庄河、必底河、郑村河、土沃河、胡底河、中村河等十大河流。沁河由北至南横跨全境，是境内最大的河流。

沁水县共辖 7 个镇、7 个乡、251 个行政村，2011 年末农户 79 423 户，全县总人口 204 684 人，其中，农业人口 178 014 人，占总人口的 87%。详细情况见表 1-1。

表 1-1　沁水县行政区划与人口情况

乡（镇）	行政村（个）	总户数（户）	总人口（人）	农业人口
龙港镇	37	20 218	50 432	33 640
端氏镇	26	11 160	25 258	22 552
中村镇	20	5 359	14 623	12 622
嘉峰镇	24	9 523	24 218	20 682
郑庄镇	28	6 954	17 138	18 003
郑村镇	20	5 291	15 150	14 035

（续）

乡（镇）	行政村（个）	总户数（户）	总人口（人）	农业人口
柿庄镇	15	4 155	12 254	11 863
樊村河乡	6	952	2 191	2 211
土沃乡	16	2 570	7 214	6 983
张村乡	8	1 712	4 522	4 434
苏庄乡	6	1 133	2 526	2 370
胡底乡	16	3 821	10 346	10 108
固县乡	13	2 618	7 675	7 824
十里乡	16	3 957	11 137	10 687
总　计	251	79 423	204 684	178 014

二、土地资源概况

据 2011 年国土部门资料显示，沁水县国土总面积为 2 676.6 平方千米（折合 267 660 公顷）。已利用土地面积为 207 713 公顷，占总土地面积的 77.6%。在已利用的土地中，耕地面积 32 383.95 公顷（折合 48.58 万亩）*，占已利用土地面积的 15.59%；宜林地面积 136 024.24 公顷，占已利用土地面积的 65.49%；园林面积 1 505.89 公顷，占已利用土地面积的 0.72%；草地面积 25 257.95 公顷，占面积的 12.16%；居民点及工矿用地 5 206.45 公顷，占已利用土地面积的 2.51%；交通用地面积 2 785.16 公顷，占已利用土地面积的 1.34%；水域水利面积 4 549.36 公顷，占已利用土地面积的 2.19%。未利用土地面积为 59 947 公顷，占总土地面积的 22.4%。

三、自然气候与水文地质

（一）气候

按照中国气候带划分标准，沁水县属暖温带大陆性季风气候区，境内地形地貌较为复杂，形成各地小气候的差异。主要特点是：大陆性气候明显，四季分明，夏季短暂，冬季漫长。雨热同季，季风强盛；春季干燥多风，十年九旱；夏季炎热多雨，雨热不均；秋季温和宜人，阴雨稍多；冬季寒冷寡照，雨雪较少，地方性季风盛行。

1. 气温　根据沁水县 2003 年气象资料，1986—2003 年，全县平均气温为 10.6℃，比 1985 年前平均气温上升 0.3℃，其中，下川平均气温最低，为 6.5℃，嘉峰平均气温最高，为 12.5℃，两地平均相差 6℃。1 月是年内最冷月，平均气温 −1.2～−5.2℃，下川平均 −6.8℃，嘉峰平均 −2.5℃。7 月是全年最热之月，平均为 21～23℃，其中：下川平均 19.4℃，嘉峰平均 25.8℃。≥0℃初日一般出现在 2 月 20 日至 3 月 8 日，终日在 11 月

---

* 亩为非法定计量单位，1 亩＝1/15 公顷。

22 日至 12 月 4 日；≥10℃的初日一般出现在 4 月 8～13 日，终日在 10 月 2～9 日。极端最高气温出现于 2002 年 7 月 15 日，平均 38℃，极端最低气温出现于 1990 年 2 月 1 日，平均－18.7℃。

沁水县年积温为 3 556.9～4 702.2℃。其中≥10℃的有效积温为 2 465～4 160℃，天数一般为 170～200 天，初日河谷川一般为 4 月 8～13 日，80％保证率为 4 月 19～24 日；丘陵区为 4 月 20 日左右，80％保证率为 4 月 30 日左右；山区推迟至 5 月 2 日左右，≥10℃的积温河谷川为 3 800℃以上，丘陵区为 3 400℃以上，山区为 3 200℃左右。

由于受地形制约，水热条件分布不均，故可划分为 3 个农业气候区：一是温暖半干旱区（也称暖区）辖河川区，包括端氏、嘉丰、郑村、郑庄 4 个乡（镇）；二是温和半湿润区（也称温区）辖低山丘陵区，包括龙港、张村、土沃、苏庄、胡底、固县、柿庄、十里 8 个乡（镇）；三是温凉湿润区（也称凉区）辖中山区，包括中村、樊村河 2 个乡（镇）以及端氏镇的必底河、十里乡的东峪。

2. 地温　地温分布和气温分布近似。据县气象站对 5～20 厘米深度的地温观察分析，3～11 月上层高于下层，其中 9 月上下均匀，12 月至翌年 2 月下层高于上层。在通常情况下，当地温降到 0℃时，土壤开始冻结。沁水县一般从 12 月开始，地温自西北向东南先后降到 0℃以下。10 月下旬最早出现冻土，深 3 厘米左右，先是夜冻日消，逐渐过渡到 10～30 厘米的冻结层。据记载，冻土最深可达 61 厘米。3 月下旬开始解冻。

境内多年平均霜期 195 天，终日在 4 月 3 日，初日在 10 月 15 日。最早终日在 3 月 13 日，初日在 9 月 25 日，无霜期 203 天；最晚终日在 4 月 22 日，初日在 11 月 3 日，无霜期仅为 158 天。沁水县无霜期可达 190 天左右，农作物大都为一年两熟或两年三熟；温区可达 170 天以上，尚可两年三熟；凉区 140 天左右，一年一熟较为普遍。下川仅 120 天，一年一熟都要受到霜冻威胁，舜王坪仅 90 天，不宜生长农作物。

3. 日照　沁水县年总日照 2 610.6 小时，日照率为 59％，大于 0℃期间的日照为 1 370 小时，占日照时数的 52％。6 月份日照时数最多，为 272.1 小时，日照率为 63％；2 月份日照时数最少，为 190.3 小时，日照率为 60％；7 月、8 月正值雨季，云量多，日照时数应减少，日照百分率分别为 53％和 55％。全年太阳辐射总量每平方厘米 612.11 千焦，生理辐射年总量每平方厘米 306.06 千焦。

4. 降水量　据沁水县 12 个量站和气象资料记载，全县年平均年降水量 610 毫米，各地降水量变化为 560～750 毫米，各地降水量的平均相对变率为 17％～21％。雨量分布受地貌影响十分显著，其分布规律：一是凉区大于温区大于暖区；二是近风区大于背风坡；三是坡梁大于沟谷。年平均降水日数为 86 天。降水一般集中在 7 月、8 月、9 月这 3 个月，占全年降水量的 59％，而冬春雨雪稀少，12 月至翌年 5 月降水总量仅占全年降水 20％。县城每年降水量一般为 540～750 毫米。特殊年份差异更大，2003 年为 877.2 毫米，1997 年仅 323 毫米。

5. 蒸发量　蒸发量大于降水量是沁水水分情况的显著特点。据沁水县气象站观察，境内年蒸发总量为 1 600～1 800 毫米，年平均蒸发量 1 630.4 毫米。最大可能蒸发量则比最多降水量还多 100～200 毫米。5 月蒸发量最大，大于 260 毫米，1 月最小仅 60 毫米左右。

6. 风向风速　因受山脉、河谷的影响，地面风向紊乱。冬半年为西北风，夏半年为偏南风。4月、10月处于季风交替，受地形影响，风向较乱。年内以冬季风速较大，4月平均风速达3.1米/秒，1月为3.6米/秒，9月最小仅为1.6米/秒。历史最大风速28米/秒，出现于1963年1月20日。

（二）地形地貌

沁水县地貌处于燕山运动沁水向斜地带，作为内因力的地壳运动所产生的构造格架，在很大程度上控制了沁水县的地势，形成了东南低而西北高，由东南至西南呈扇形展开逐步增高的地貌特点；作为外因力的风力、流水、冰雪、寒冻、日照、生物和人为作用等，对地壳表层进行风化、剥蚀、搬运和堆积，又不断地刻画和塑造着地表，从而形成了沁水现代地貌的各种形态。

沁水县境内山峦重叠，地形高低悬殊很大，东南尉迟村沁河口海拔高度仅520米，而西南历山舜王坪海拔高度则达2 322米，相对高差1 802米。根据全国地貌分类指标，沁水县可分为中山地貌区、低山丘陵地貌区、河谷平川地貌区3个地貌区，高中山地貌、中山地貌、低山地貌、丘陵地貌、山间盆地地貌、河漫滩、一级阶地、二级阶地、洪积扇9种地貌类型。

1. 中山地貌区 本地貌区主要指下川、中村、东峪、樊村以及十里、柿庄北部和沁晋、沁高交界外的岳神山、老马岭和山中岭一线。面积893 715亩，占总面积的22.3%。按其不同的地貌成因和地面组成物质，又可分为两个地貌类型。

（1）高中山地貌：本地貌系指下川历山及其周围山地，海拔高度为1 600～2 322米，相对高差720米。计88 893亩，占总面积的2.2%。山体主要由砂页岩、片麻岩、长石砂岩、石灰岩和其他变质岩组成。缓坡上覆盖着深浅不同的黄土，间有石灰岩碎块。海拔2 000米以上的平台缓坡处，生长喜湿耐寒的莎草科草本植物，形成山地草甸土；海拔为1 600～2 000米处的坡面被原始森林所覆盖，形成山地棕壤。

（2）中山地貌：该地貌主要分布在中村镇、樊村河乡、柿庄镇、十里北部，龙港镇杏峪、樊庄、固县等乡（镇）也有零星分布。海拔高度为1 100～1 600米，相对高差500米。共计804 822亩，占总面积的20.05%。山体主要由砂页岩、片麻岩、长石砂岩、铝土岩、石灰岩组成，山坡上部低凹处覆盖深浅不同的黄土和黄土状物质。该地貌多为林地或林间草地，耕地仅占10%左右，淋溶线为1 400米以上，加之潜水资源也比较丰富，多为沁水境内各主要河流的发源地。所以，在各种成土条件的综合作用下，主要出现的是淋溶褐土。

2. 低山丘陵地貌区 本地貌区主要指龙港、土沃、张村、胡底、郑村、嘉峰、端氏、固县、郑庄的大部分地区和十里、柿庄境内的部分地区。海拔高度为550～1 100米，相对高差500米。面积2 988 870亩，占全县总面积的74.44%。这部分地貌区是沁水的主要粮油产地和牧坡草场地。按其不同的地貌成因和地面组成物质，又可分为3个地貌类型。

（1）低山地貌：本地貌主要分布在柿庄、十里、龙港、土沃、中村、胡底、必底等乡（镇）的大部分地区，海拔高度为750～1 100米，相对高差300米。面积为2 199 554亩，占总面积的55.1%。上同中山地貌区接壤，下同丘陵地貌区相连。该地貌多为平顶山。山体主要是第四纪黄土覆盖，仅山坡下部因侵蚀切割，山势陡峭，出现裸岩。岩层多为变质岩，少数为沉积岩。同丘陵相接处，多为石质山。该地貌主要分布着草灌植被、疏林密灌或人工林地。林草覆盖率低于中山地貌区。所以，在各种成土因素的作用下，主要形成了山地褐土。

（2）丘陵地貌：丘陵地貌发育在同沙石山区接壤的二级、三级阶地上。主要分布在郑村、嘉峰、端氏、固县、郑庄以及王必、苏庄的部分坡段，胡底、十里、柿庄也有零星分布。海拔高度为 1 100 米以下，相对高差为 50～200 米。面积 733 816 亩，占总面积的 18.4%，丘陵地貌类型处在地势较平缓的山地边沿地带，植被覆盖率低，垣地被分割成狭长的条形梁地；梁地又经冲刷成峁地。梁峁之间切割成陡峭的沟壑，切沟一般深达 30～60 米，可切至基岩深处。自然植被多为耕地所代替，形成褐土性土壤。

（3）山间盆地地貌：沁水县东峪东临马头山，西接关爷岭，北考宇峻山，南屏百尖山。四面环山，中间下陷不大，形成独特的山间盆地地貌。境内除四山斜面外，均由坡积黄土状物质堆积而成。山间盆地总面积 55 500 亩，占总面积的 1.4%。

3. 河谷平川地貌区　本地貌区主要分布于各主要河流沿岸的两山之间，宽窄不一，大小不等。以嘉峰、端氏、郑庄、龙港、固县、柿庄等乡（镇）分布较广。海拔高度为 520～950 米，相对高差小于 50 米，面积为 104 559 亩，占总面积的 2.7%。各河流两岸均分布着河漫滩、一级阶地、二级阶地和少量洪积扇等地貌类型。其中，一级阶地较为普遍，是河谷地貌区的主要类型。

（1）河漫滩：河漫滩分布于各河谷的宽阔河段，是随着河流的发展于近期露出水面的滩地。全县主要河漫滩分布在嘉峰（潘庄—殷庄滩）、端氏（杏林—东山滩）、胡底（胡底—李庄滩）、柿庄（柿庄—张村滩）、固县（固县—云首滩）、郑庄（湾则滩）、龙港（杏河滩）等，宽度为 30～250 米，延绵数千米乃至十多千米。土质偏沙，并夹有砾石和流沙。在历代农田基本建设中，部分已建成农田，表土层多为人工堆垫，层次紊乱，厚薄不匀。主要形成新积土和人工堆点土。

（2）一级阶地：一级阶地一般高于地面 2～6 米，阶面较平坦，微向河床倾斜，宽 80～300 米，是各地一类耕地的主要分布区。成土母质多为近代河流沉积物，上面是 1～3 米的沙性黄土状物质，下部是沙砾层，二元结构明显，一般保存完好。如郑庄镇东大村、嘉峰镇潘庄村。主要为浅色草甸土。

（3）二级阶地：二级阶地一般高出河床 15～20 米，宽度一般小于 200 米，阶面向河床倾斜，倾斜角大于一级阶地，由第四纪上更新统黄土搬运堆积而成，上部为壤质土，下部为沙砾石层。由于后期流水侵蚀，保存不够完整。沿河村庄多数在二级阶地上。河谷狭窄处，由于河床窄，流速快，使河谷下切强烈，使原为一级阶地和二级阶地，成为高阶地和狭长台地。一般高出河床 10 米以上，二元结构十分明显。土体发育微弱，成为褐土性土。

（4）洪积扇：洪积扇主要分布于两河汇交处和各大河谷的出口处，如固县、端氏、县河、梅河河口等，多呈斜锥状地形。由于长期流水侵蚀和人为作用，保存很不完整，多数沟口只剩下洪积锥的痕迹，主要扇面已被洪水冲走。

（三）母岩与母质

成土母质是土壤形成发育的物质基础和原始材料，是土壤的主要组成部分和骨架，也是作物所需矿质养分的最初来源，影响到土壤形成发育的方向和速度。母质与母岩有密切的关系，其分布是一致的，沁水县成土母质的岩石沉积物，大致可分为3类10种。

1. 坚硬岩石风化物

（1）上元古界震旦系（Z）：分布于下川舜王坪一带与垣曲县交界处。母岩风化物以石英砂岩为代表，其主要成分是石英，石英砂岩不易风化，风化后形成的土壤土层薄，多砾粒。

（2）古生界寒武系（G）：分布于下川小河湾至东川一带，母岩风化物以砂页岩为代表，易风化，形成的土壤母质多含黏粒，土壤养分含量较高。

（3）古生界奥陶系（D-2）：分布于下川大部地区和土沃下沃泉、南阳、塘坪周围地区，母岩风化物以石灰岩为代表，形成的土壤土层薄，质地黏重，石灰反应强烈，偏碱性。

（4）古生界石炭系（C_2-3）：分布于下川、中村与翼城交界处和土沃台亭以东地带。母岩风化物以铝土岩为代表，形成的土壤土层较薄，质地黏重，呈微酸性反应。

（5）古生界二叠系（P）：分布于柿庄、十里、固县、郑村、胡底、樊庄、必底、郑庄、樊村河、龙港、张村、土沃、中村等大部分地区。母岩风化物以各种颜色不同、类型名异的砂岩、页岩和互层砂页岩为代表，是沁水山地褐土的主要母质，由于母岩钙积胶结作用明显，形成的土壤钾素含量较低。

（6）中生界三叠系（T）：分布于王必示范牧场一带，由红色、紫红色、黄绿色砂岩夹砾石组成，形成的土壤较厚，质地偏黏，呈微酸性反应。

2. 松散岩石土状物　土状母质主要是新生界第四季（Q）的产物，是沁水县黄土、红黄土和黄土状土壤的母质。

（1）中更新统离石组（Q_2）：主要为红黄色细粉沙状，成分以石英长石黏土矿物组成，形成的土壤土体较厚，质地较黏，无层次，有石灰反应。分布于全县各个沟谷地带，有些地方出现在断崖上。

（2）上更新统马兰组（Q_3）：为浅黄色，粉沙状，成分以石英、长石、云母等矿物质组成，质地匀一，呈垂直节理发育，常形成阶梯状、梁状和峁状地貌，分布于全县各丘陵区和东峪盆地。

马兰黄土为风成黄土，又称次生黄土。多为淡黄色，较疏散，无层理，垂直节理发育，碳酸钙含量较高，土质上下均一，多分布在山地丘陵顶部平台缓坡处。

3. 母质、母岩的残积坡积和冲洪积

（1）残积物：残积物分布在比较平缓的高地上，其特点是土层薄、质地粗，通体含有基岩的半风化碎屑。由于地势较高，矿质元素和水分都易淋失。因此，在这种母质上发育的土壤养分及水分较少，肥力不高。

（2）坡积物：坡积物分布在山沟或山坡下部，是山上的岩石风化物在重力及雨水的联合作用下堆积而成的，多为黄土状、红黄土状物质或沙页岩分化碎屑的堆积物。这类母质的特点是层理明显，粗细颗粒同时混存，无分选性，通气透水性较好。因承受上面流来的养分、水分及较细的土粒，使这种母质上发育的土壤肥力较高。

（3）冲积物和洪积物：冲积物和洪积物分布在各主要河流两侧和沟谷、河谷、山间谷地上。是形成沟川土壤的主要母质。冲积物是河水流动过程中夹带的泥沙沉积而成。其特点是具有明显的成层性，成分复杂。由于矿物质种类多，营养元素较为丰富，大多成为该县浅色草甸土的主要母质。洪积物大部分布在大沟及山间谷地，特点是泥沙混合物堆积，土体没有明显的发育层次，质地偏沙，并含一定数量的沙石。洪积物上形成的沟淤土壤，它是重要的耕种土壤。大沟出口的洪积扇边缘，是选择打井的好地方。

（四）河流与地下水

沁水县水系属于黄河流域、沁河支流，主要河流有沁河、县河、端氏河、龙渠河、土沃河、郑村河、苏庄河、必底河、张村河等。由于沁水地形四面环山，西南高而东南低，除中村河西流注入汾河外，其余河流相继汇集于沁河，南流出境，注入黄河。

沁水县有水资源 9.8 亿立方米，地表水 2.1 亿立方米，地表、地下重复水 1.5 亿立方米。集雨面积 2 676.6 平方千米，多年平均降水量 610 毫米，折合水体 11.9 亿立方米。

河川径流是水资源的主要组成部分。沁水县河川径流总量 9.2 亿立方米。其中沁河 6.22 亿立方米，县河（含梅、杏支流）0.538 亿立方米，端氏河（含胡底、云首、柿庄支流）1.188 亿立方米，必底河 0.165 亿立方米，郑村河 0.137 亿立方米，苏庄河 0.157 亿立方米，龙渠河 0.317 亿立方米，东峪河 0.038 亿立方米，中村河 0.14 亿立方米，张村河 0.107 亿立方米，土沃河 0.132 亿立方米，下川河 0.059 亿立方米。

地下水分布埋藏规律受自然地理及地层、地质构造控制，按岩石孔隙性分为孔隙水、裂隙水、岩溶水 3 种类型。主要分布在石炭、二叠系地层中，多以泉水出露于河川沟谷之中，以风化裂隙为主。初步判断，沁水地下水域与地表水流域基本吻合。全县地下水资源量 2.1 亿立方米。其中沁河 0.346 亿立方米，端氏河 0.641 亿立方米，龙渠河 0.118 亿立方米，县河 0.175 亿立方米，土沃河 0.394 亿立方米，郑村河 0.074 亿立方米，苏庄河 0.058 亿立方米，必底河 0.089 亿立方米，中村河 0.07 亿立方米，张村河 0.058 亿立方米，东峪河 0.021 亿立方米，下川河 0.032 亿立方米。

（五）自然植被

沁水县独特的地理位置，良好的气候环境，为各种植物生长提供了适宜的条件，故植被种类丰富。沁水县共有种子植物 84 科 1 200 余种。除此之外，还有蕨类、菌类、藻类和地衣等。在种子植物中，种类最多的是豆科、菊科、蔷薇科、忍冬科、杨柳科、虎耳草科等；其次，是桦木科、壳斗科、松科、榆科、鼠李科、桑科、十字花科、木樨科等；这些科都是属暖温带植物区系。此外，还有红豆杉科、领春木科、连香树科、野茉莉科等亚热带科，主要分布在下川地区。全县植被覆盖率 64.7%，其中下川地区达到 90% 以上。植被随海拔升高从下到上形成 6 种主要植被类型。

1. 河漫滩草丛　植被以阔叶牧草为主，主要品种有野大豆、狗尾草、鱼腥草、芦苇、灰菜、猪耳朵叶等。

2. 栽培植物及灌丛　分布在海拔为 290～1 000 米的山坡地及开垦的丘陵地。植被以中旱生的稀疏灌丛和草本植物占优势，灌木品种有酸枣、荆条、狼牙刺、杠柳、对节木、山槐等，草本植物有白羊草、黄背草、羊胡子草及蒿类等。栽培的农作物有小麦、玉米、棉花、谷子、油菜、豆类等，经济林有苹果、梨、桃、枣、核桃、柿、花椒、桑树等，用材树有泡桐、臭椿、楸树、刺槐、杨、柳、榆等。

3. 疏林灌丛　分布于海拔为1 000～1 500米的中低山地带，主要灌木有连翘、沙棘、荆条、狼牙刺、虎榛子、黄蔷薇等。

4. 落叶阔叶林　分布于海拔为1 500～2 000米。林木以栎林占优势，伴生有白桦、山杨等。林下灌木有连翘、榛子、六道子、胡枝子等。

5. 山地常绿针叶林　分布于海拔为2 000～2 200米。林木以油松、化山松、白皮松占优势、伴生有红桦、栎类等。灌木有山柳、灰枸子、毛绣线菊、珍珠梅等。草本植物有糙苏、羊胡子草、淫羊藿等。

6. 亚高山草甸　分布于2 200米以上的舜王坪、丹坪寨顶峰。由于山高、风大、气候寒冷，植物生长低矮。土壤为山地草甸土、土质肥沃。优势植物以苔草为主，伴生有委陵菜、地榆、马蔺、山萝卜、大丁草、金丝桃、紫花野菊等，组成华丽的"五花草甸"。

（六）土壤分类

根据沁水县第二次土壤普查资料，土壤分类为4个土类、8个亚类、23个土属、40个土种。根据山西省第二次土壤普查，全县土壤共分山地草甸土、棕壤、褐土、粗骨土、红黏土、石质土、新积土和潮土八大土类，11个亚类，19个土属，25个土种；八大土类中以褐土为主，面积占94.5％。在各类土壤中，宜农土壤比重大，适种性广，有利于农、林、牧业全面发展。见表1-2。

表1-2　沁水县土壤分类对照

省土类	省亚类	省土属	省土种名称	省土代号	县第二次土壤普查定名
山地草甸土	典型山地草甸土	山地草甸壤土	潮毡土		厚层黄土质山地草甸土
棕壤	典型棕壤	黄土质棕壤	耕黄土质林土	7	厚层少砾黄土质山地棕壤
褐土	淋溶褐土	沙泥质淋溶褐土	薄沙泥质淋土	55	薄沙泥少砾砂页岩质山地淋溶褐土
					中层少砾石灰岩质山地淋溶褐土
		黄土质淋溶褐土	黄淋土	62	耕种中壤厚层红黄土质山地淋溶褐土
		红黄土质淋溶褐土	耕红黄淋土	65	耕种重壤厚层红黄土质山地淋溶褐土
	褐土性土	沙泥质褐土性土	薄沙泥质立黄土	73	薄层少砾砂页岩质山地褐土
			沙泥质立黄土	75	厚层少砾砂页岩质山地褐土
			耕沙泥质立黄土	76	耕种沙壤中层少砾砂页岩质山地褐土
					耕种中壤厚层砂页岩质山地褐土
					耕种中壤厚层少砾砂页岩质山地褐土
		黄土质褐土性土	耕立黄土	89	耕种中壤黄土质褐土性土
					耕种中壤厚层黄土质山地褐土
			立黄土	85	厚层黄土质山地褐土

（续）

省土类	省亚类	省土属	省土种名称	省土代号	县第二次土壤普查定名
褐 土	褐 土 性 土	红黄土质褐土性土	耕红立黄土	103	耕种中壤厚层红黄土质山地褐土
					耕种重壤中层红黄土质山地褐土
					耕种重壤厚层红黄土质山地褐土
					耕种重壤红黄土质褐土性土
			红立黄土	102	中层红黄土质山地褐土
					厚层红黄土质山地褐土
			二合红立黄土	105	厚层少料姜红黄土质山地褐土
					耕种重壤深位薄料姜红黄土质山地褐土
		沟淤褐土性土	沟淤土	124	耕种轻壤厚层沟淤山地褐土
					耕种中壤沟淤褐土性土
					耕种中壤中层沟淤山地褐土
		灰泥质褐土性土	砾灰泥质立黄土	81	薄层少砾石灰岩质山地褐土
	褐　土	褐　土	深黏绵垆土	23	耕种中壤黄土状碳酸盐褐土
					耕种重壤红黄土状碳酸盐褐土
	石灰性褐土	黄土状石灰性褐土	深黏黄垆土	30	中层少砾石灰岩质山地褐土
石质土	中性石质土	沙泥质中性石质土	沙石砾土	230	中层少砾砂页岩质山地褐土
红黏土	红黏土	红黏土	耕小瓣红土	216	耕种重壤红土质褐土性土
粗骨土	钙质粗骨土	灰泥质钙质粗骨土	薄灰渣土	26	薄层砂页岩质山地粗骨性褐土
新积土	冲积土	冲积土	河漫土	219	体沙砾浅色草甸土
潮　土	潮　土	洪积潮土	洪潮土	268	耕种轻壤体沙砾浅色草甸土
					耕种中壤夹沙砾浅色草甸土
			底黏洪潮土	274	耕种轻壤体黏浅色草甸土
		堆垫潮土	底砾堆垫潮土	283	耕种轻壤底沙砾堆垫浅色草甸土
					耕种中壤体沙砾堆垫浅色草甸土
					耕种重壤底沙砾堆垫浅色草甸土
		湖积潮土	堆垫潮土	280	耕种中壤底沙砾浅色草甸土

四、农村经济概况

2011 年，沁水县农业总产值 73 652 万元，比上年增长 8.2%。其中，种植业产值 38 544 万元，增长 6.5%；林业产值 7 452 万元，下降 6.5%；牧业产值 25 153 万元，增长 16.0%；渔业产值 740 万元，增长 10.8%；农林牧渔服务业产值 1 763 万元，增长 13.0%。全县实现农村经济总收入 300 141 万元，增长 10.6%。农民人均纯收入为 6 088.5 元。

改革开放以后，农村经济有了较快发展。1979 年，沁水县农业总产值 3 124 万元、林业产值 98.77 万元、牧业产值 528 万元、副业产值 445.32 万元。沁水县农村经济总收入 2 776.06 万元，农民人均纯收入 78 元。

2011 年农村经济总收入是 1979 年的 108 倍，其中农业、林业、畜牧业分别为 24 倍、75 倍、48 倍，总之各项指标均发生了翻天覆地的变化。

第二节　农业生产概况

沁水县是一个以山区为主的农业县，主要农作物有玉米、谷子、小麦、豆类、薯类、蔬菜等。比较有名的土特产品有红富士苹果、七须黄花菜、野生猴头、野生木耳、虹鳟、金银花、柿庄黄梨、张村小米等。

新中国成立以后，农业生产有了较快发展，特别是中共十一届三中全会以后，农业生产发展迅猛。随着农业机械化水平不断提高，农田水利设施的建设，农业新技术的推广应用，农业生产迈上了快车道。2011 年，全县粮食总产 133 292 吨，比 1978 年 63 970 吨增加 69 322 吨，增加 108%；肉类总产 6 222 吨，比 1978 年 1 351 吨增加 4 871 吨，增加 360%；禽蛋总产 3 792 吨，比 1978 年 537 吨增加 3 435 吨，增加 640%；农业总产值 300 141 万元，比 1978 年 6 211 万元增加 293 930 万元，增加 4 732%；农民人均纯收入 6 088.5 元，比 1978 年 60 元增加 6 028.5 元，增加 10 047%。

2011 年，粮食作物播种面积 469 374 亩，比上年增加 6 777 亩，增长 1.5%。粮食作物中，小麦播种面积 128 915 亩，下降 0.8%；玉米播种面积 249 320 亩，增长 3.2%。全年粮食总产量 133 292 吨，比上年增产 1 898 吨，增长 1.4%，再创历史新高。其中小麦产量 25 680 吨，下降 6.1%；玉米产量 94 078 吨，增长 3.4%。粮食亩产量 284 千克。详见表 1-3。

表 1-3　沁水县 1978—2011 年农业生产情况

年　份	粮食总产 （吨）	肉类总产 （吨）	禽蛋总产 （吨）	牛奶总产 （吨）	农业总产值 （万元）	农民人均纯收入 （元）
1978	63 970	1 351	537	—	6 211	60
1989	78 974	2 696	1 133	—	11 685	432
1999	80 731	5 011	2 260	—	13 587	2 148

（续）

年　份	粮食总产 （吨）	肉类总产 （吨）	禽蛋总产 （吨）	牛奶总产 （吨）	农业总产值 （万元）	农民人均纯收入 （元）
2003	83 602	5 510	2 397	183	25 734	2 333
2010	131 394	6 199	3 091	731	271 263	5 059.2
2011	133 292	6 222	3 792	1 049	73 652	6 088.5

畜牧业发展势头良好，2011 年末大牲畜存栏 447 头，下降 7.6%；猪存栏 43 217 头，增长 92.4%；羊存栏 189 127 只，增长 21.7%；禽存栏 41.44 万只，增长 15.6%；年末羊群饲养量 302 488 只，增长 1.7%；肉类总产量 6 222 吨，增长 0.4%；牛奶产量 1 049 吨，增长 43.5%；禽蛋产量 3 792 吨，增长 22.7%；蚕茧产量 1 387 吨，增长 12.6%。

沁水县农业机械化水平逐步提高，形成了以农户为主体、多种经济成分共同发展的农业机械化格局，农业机械化对农业的贡献率和技术支持能力大大提升。农业机械化总动力 2011 年达到 32.94 万千瓦，比 1978 年的 2.53 万千瓦增 30.41 万千瓦，增长 12 倍。主要粮食作物生产实现机械化，耕地、播种、收获作物综合机械化水平达 58.4%。农业机械承担了农业生产的 80% 以上的劳动量。农机户达到 7 508 个。农业机械装备进一步完善。拖拉机总台数达 13 322 台，拖拉机配套机具 25 892 台（套），联合收割机 136 台，农业排灌机械 579 台，农副产品加工机械 4 307 台（套）。机耕面积 35 万亩，机播面积 21 万亩，机收面积 16.7 万亩，农机总收入 5 280 万元。农机对农业的贡献率达到 17.4% 以上。

沁水县共拥有各类水利设施 708 处（眼），灌溉面积 6 643 公顷（折合 99 645 亩）。其中水井 119 处，可浇 539 公顷；机电灌站 148 处，可浇 539 公顷；喷灌 147 处，可浇 2 938 公顷；小型水利工程 294 处，可浇 2 734 公顷。可浇面积比 1986 年增加 3 412 公顷，显示出节水灌溉的效益。

以上均为 2003 年水利资料。

第三节　耕地利用与保养管理

一、主要耕作方式及影响

沁水县的农田耕作制度以一年两熟即小麦—玉米（或豆类、向日葵）和两年三熟即小麦—玉米（谷子）—大豆为主，在无霜期为 140 天左右的乡（镇），一年一熟（玉米、谷子、蔬菜等）较普遍。耕作方式一是翻耕，深度一般为 20～25 厘米，能一次完成疏松耕层、翻埋杂草、肥料等任务，缺点是失水较多，作业量大；二是深松耕，深度一般为 30～40 厘米，有利于打破犁底层，加厚活土层，缺点是掩埋杂草、肥料的能力差；三是旋耕，深度一般为 10～20 厘米，优点是提高了劳动效率，缺点是土地不能深耕，降低了活土层；四是免耕法，优点是节本、省工且土壤无坚硬的犁底层，土壤结构不受破坏，较疏松，缺点是土壤有机质含量降低得快，另外，许多化学除草剂对农产品的品质和人的健康有某些不良影响。

二、耕地利用现状，生产管理及效益

沁水县现在耕地面积 48.58 万亩，占总土地面积的 12.1%。其中旱地 41.77 万亩，占总耕地面积的 86%；中低产田 41.37 万亩，占总耕地面积的 85.18%。2011 年，全县地膜覆盖面积 3 万亩，秸秆还田面积 25.2 万亩，良种普及面积 40 万亩，测土配方面积 20 万亩，病虫害综合防治面积 12 万亩，机械化耕作面积 27 万亩。2011 年农作物播种面积 47.79 万亩，总产值 33 677.7 万元，果树 7 930 亩，总产量 530.8 万千克，总产值 2 132.2 万元；桑园 2.8 万亩，蚕茧总产量 1 387 吨，蚕茧总收入 3 696 万元，详见表 1 - 4。

表 1 - 4　2011 年沁水县耕地利用及产量、效益

作物		面积（万亩）	总产（吨）	单产（千克）	总收入（万元）	亩收入（元）
粮食作物	玉米	24.93	93 986.1	377	18 797.2	754
	小麦	12.89	25 651.1	199	5 130.2	398
	谷子	2.86	4 290	150	1 287	450
	薯类	0.74	2 057.2	278	328	444
	豆类	5.02	5 421.6	108	1 084.3	216
蔬菜		1.35	36 612	2 712	7 051	5 424
水果		0.79	530.8	—	2 132.2	2 677
蚕桑		2.8	1 387		3 696	—

三、施肥现状与耕地养分演变

沁水县大田施肥情况为农家肥施用呈下降趋势。过去农村耕地、运输主要以畜力为主，农家肥主要是大牲畜粪便。1979 年，沁水县有大牲畜 34 807 头，随着农业机械化水平的提高，大牲畜呈下降趋势。2010 年，沁水县大牲畜 2 849 头，到 2011 年全县仅有大牲畜 447 头，羊群饲养量 302 488 只，年末羊存栏 189 127 只，生猪存栏 43 217 只，禽存栏 414 400 只。猪和鸡的数量虽然大量增加，但粪便主要施入菜田、果园等效益较高的经济作物。因而，目前大田土壤中有机质含量的增加主要依靠秸秆还田。化肥的使用量，从逐年增加到趋于合理。据统计资料，化肥施用量（实物量）1979 年，全县为 12 401 吨，1986 年为 11 267 吨，1990 年为 16 116 吨，1996 年 21 968 吨，2000 年为 27 596 吨，2003 年为 33 588 吨，2010 年为 40 540 吨。2011 年全县平衡施肥面积 20 万亩，配方肥施用面积 8 万亩，秸秆还田面积 25.2 万亩，化肥施用量（实物）为 40 697 吨，其中氮肥 20 592 吨，磷肥 15 000 吨，钾肥 105 吨，复合肥为 5 000 吨。

随着农业生产的发展，施肥、耕作经营管理水平的提高，耕地土壤有机质及大量元素也随之变化。2011 年全县耕地耕层土壤养分测定结果比 1984 年第二次全国土壤普查，普遍提高。土壤有机质平均增加了 6.5 克/千克，全氮增加了 0.31 克/千克，有效磷增加了

5.4毫克/千克，速效钾增加了71.6毫克/千克。随着测土配方施肥技术的全面的推广应用，土壤肥力更会不断提高。

四、农田环境质量

沁水县环境质量现状：全年县区环境空气质量二级以上天数达到363天，比上年增加10天，比全年目标（310天）多出53天，全年空气综合污染指为1.56，稳定达到国家二级标准。全年主要减排指标化学需氧量0.408万吨，氨氮排放量0.033万吨，二氧化硫排放量0.433万吨，氮氧化物排放量0.078万吨，烟尘排放量0.258万吨，粉尘排放量0.321万吨。全县集中式饮用水源地水质达标率达100%。

五、耕地利用与保养管理简要回顾

1949—1985年，平田整地，修边垒垎，兴修水利，大搞农田基本建设，生产条件不断改善。

1985—1997年，根据全国第二次土壤普查结果，沁水县划分了土壤利用改良区，根据不同土壤类型、不同土壤肥力和不同生产水平，提出了合理利用培肥措施，达到了培肥土壤目的。

1997—2005年，土地30年不变的延包政策出台，农民种地养地意识增强。同时政策加大对农业投入，结合"旱作农业"、"沃土计划"等农业工程项目的实施，大力推广平衡施肥、秸秆还田技术，农田养分含量逐年增加，加上退耕还林等生态措施的实施，农业大环境得到了有效改变，农田环境日益好转。

2005—2011年，中央连续7年发布以"三农"（农业、农村、农民）为主题的中央1号文件，强调了"三农"问题在中国社会主义现代化时期"重中之重"的地位。期间出台了"粮食直补"、"减征或免征农业税"等强农惠农政策，有力地促进了粮食增产和农民增收。同时"耕地综合生产能力建设"、"旱作节水农业"、"中低产田改造"等土肥项目的落实促使全县耕地逐步向优质、高产、高效、安全迈进。

2009—2011年，测土配方项目实施，减少了盲目施肥现象，施肥趋于平衡合理。同时根据《全国测土配方施肥技术规范》的要求，进行了耕地地力调查和质量评价，建立了沁水县耕地资源信息管理系统和测土配方施肥专家咨询系统，对耕地质量和测土配方施肥实行计算机网络管理，形成了较为完善的测土配方施肥数据库，为农业增产、农民增收提供科学决策依据，保证农业可持续发展。

第二章 耕地地力调查与质量评价的内容和方法

根据《全国耕地地力调查与质量评价技术规程》和《全国测土配方施肥技术规范》（以下简称《规程》和《规范》）的要求，通过肥料效应田间试验、样品采集与制备、田间基本情况调查、土壤与植株测试、肥料配方设计、配方肥料合理使用、效果反馈与评价、数据汇总、报告撰写等内容、方法与操作规程和耕地地力评价方法的工作过程，进行耕地地力调查和质量评价。这次调查和评价是基于4个方面进行的。一是通过耕地地力调查与评价，合理调整农业结构、满足市场对农产品多样化、优质化的要求以及经济发展的需要；二是全面了解耕地质量现状，为无公害农产品、绿色食品、有机食品生产提供科学依据，为人民提供健康安全食品；三是针对耕地土壤的障碍因子，提出中低产田改造、防止土壤退化及修复已污染土壤的意见和措施，提高耕地综合生产能力；四是通过调查，建立全县耕地资源信息管理系统和测土配方施肥专家咨询系统，对耕地质量和测土配方施肥实行计算机网络管理，形成较为完善的测土配方施肥数据库，为农业增产、增效，农民增收提供科学决策依据，保证农业可持续发展。

第一节 工作准备

一、组织准备

由山西省农业厅牵头成立测土配方施肥和耕地地力调查领导小组、专家组、技术指导组，沁水县成立相应的领导小组、办公室、野外调查队和室内资料数据汇总组。

二、物质准备

根据《规程》和《规范》的要求，进行了充分物质准备，先后配备了GPS定位仪、不锈钢土钻、计算机、钢卷尺、100立方厘米环刀、土袋、可封口塑料袋、水样瓶、水样固定剂、化验药品、化验室仪器以及调查表格等。并在原来土壤化验室基础上，进行必要补充和维修，为全面调查和室内化验分析做好了充分物质准备。

三、技术准备

领导组聘请农业系统有关专家及第二次土壤普查有关人员，组成技术指导组，根据《规程》和《山西省耕地地力调查与质量评价实施方案》及《规范》，制定了《沁水县测土配方施肥技术规范及耕地地力调查与质量评价技术规程》，并编写了技术培训教材。在采样调查前对采样调查人员进行认真、系统的技术培训。

四、资料准备

按照《规程》和《规范》的要求，收集了沁水县行政规划图、地形图、第二次土壤普查成果图、基本农田保护区划图、土地利用现状图、农田水利分区图等图件。收集了第二次土壤普查成果资料，基本农田保护区地块基本情况、基本农田保护区划统计资料，大气和水质量污染分布及排污资料，农田水利灌溉区域、面积及地块灌溉保证率，退耕还林规划，肥料、农药使用品种及数量、肥力动态监测等资料。

第二节 室内预研究

一、确定采样点位

（一）布点与采样原则

为了使土壤调查所获取的信息具有一定的典型性和代表性，提高工作效率，节省人力和资金。采样点参考县级土壤图，做好采样规划设计，确定采样点位。实际采样时严禁随意变更采样点，若有变更须注明理由。在布点和采样时主要遵循了以下原则：一是布点具有广泛的代表性，同时兼顾均匀性。根据土壤类型、土地利用等因素，将采样区域划分为若干个采样单元，每个采样单元的土壤性状要尽可能均匀一致；二是尽可能在全国第二次土壤普查时的剖面或农化样取样点上布点；三是采集的样品具有典型性，能代表其对应的评价单元最明显、最稳定、最典型的特征，尽量避免各种非调查因素的影响；四是所调查农户随机抽取，按照事先所确定采样地点寻找符合基本采样条件的农户进行，采样在符合要求的同一农户的同一地块内进行。

（二）布点方法

按照《规程》和《规范》，结合沁水县实际，将大田样点密度定为平川地每200亩一个点位、丘陵和山地每80～100亩一个点位，实际布设大田样点3 600个。布设样点：一是依据山西省第二次土壤普查土种归属表，把那些图斑面积过小的土种，适当合并至母质类型相同、质地相近、土体构型相似的土种，修改编绘出新的土种图；二是将归并后的土种图与基本农田保护区划图和土地利用现状图叠加，形成评价单元；三是根据评价单元的个数及相应面积，在样点总数的控制范围内，初步确定不同评价单元的采样点数；四是在评价单元中，根据图斑大小、种植制度、作物种类、产量水平等因素的不同，确定布点数量和点位，并在图上予以标注。点位尽可能选在第二次土壤普查时的典型剖面取样点或农化样品取样点上；五是不同评价单元的取样数量和点位确定后，按照土种、作物品种、产量水平等因素，分别统计其相应的取样数量。当某一因素点位数过少或过多时，再根据实际情况进行适当调整。

二、确定采样方法

1. 采样时间 在大田作物收获后、秋播作物施肥前进行。

2. 调查、取样 按叠加图上确定的调查点位去野外采集样品。向已确定采样田块的户主，按农户地块调查表格的内容逐项进行调查并认真填写。并用 GPS 定位仪确定地理坐标和海拔高程，记录经纬度，精确到 0.1″。同时依此准确方位修正点位图上的点位位置。采样主要采用"S"法，均匀随机采取 15～20 个采样点，充分混合后，四分法留取 1 千克组成一个土壤样品，并装入已准备好的土袋中。

3. 采样工具 主要采用不锈钢土钻，采样过程中努力保持土钻垂直，样点密度均匀，基本符合厚薄、宽窄、数量的均匀特征。

4. 采样深度 为 0～20 厘米耕作层土样。

5. 采样记录 填写两张标签，土袋内外各具 1 张，注明采样编号、采样地点、采样人、采样日期等。采样同时，填写大田采样点基本情况调查表和大田采样点农户调查表。

三、确定调查内容

根据《规范》的要求，按照"测土配方施肥采样地块基本情况调查表"认真填写。这次调查的范围是基本农田保护区耕地，调查内容主要有 4 个方面：一是与耕地地力评价相关的耕地自然环境条件，农田基础设施建设水平和土壤理化性状，耕地土壤障碍因素和土壤退化原因等；二是与农产品品质相关的耕地土壤环境状况，如土壤的富营养化、养分不平衡与缺乏微量元素和土壤污染等；三是与农业结构调整密切相关的耕地土壤适宜性问题等；四是农户生产管理情况调查。

以上资料的获得，一是利用第二次土壤普查和土地利用现状等现有资料，通过收集整理而来；二是采用以点带面的调查方法，经过实地调查访问农户获得的；三是对所采集样品进行相关分析化验后取得；四是将所有有限的资料、农户生产管理情况调查资料、分析数据录入到计算机中，并经过矢量化处理形成数字化图件、插值，使每个地块均具有各种资料信息，来获取相关资料信息。这些资料和信息，对分析耕地地力评价与耕地质量评价结果及影响因素具有重要意义。如通过分析农户投入和生产管理对耕地地力土壤环境的影响，分析农民现阶段投入成本与耕地质量直接的关系，有利于提高成果的现实性，引起各级领导的关注。通过对每个地块资源的充实完善，可以从微观角度，对土、肥、气、热、水资源运行情况有更周密的了解，提出管理措施和对策，指导农民进行资源合理利用和分配。通过对全部信息资料的了解和掌握，可以宏观调控资源配置，合理调整农业产业结构，科学指导农业生产。

四、确定分析项目和方法

根据《规程》及《山西省耕地地力调查及质量评价实施方案》和《规范》规定，土壤质量调查样品检测项目为：pH、有机质、全氮、碱解氮、全磷、有效磷、全钾、速效钾、缓效钾、有效硫、阳离子交换量、有效铜、有效锌、有效铁、有效锰、水溶性硼、有效钼17个项目；土壤环境检测项目为：硝态氮、pH、总磷、汞、铜、锌、铅、镉、砷、六价铬、镍、阳离子交换量、全盐量、全氮、有机质15个项目；果园土壤样品检测项目为：pH、有机质、全氮、有效磷、速效钾、有效钙、有效镁、有效铜、有效锌、有效铁、有效锰、有效硼12个项目。其分析方法均按全国统一规定的测定方法进行。

五、确定技术路线

沁水县耕地地力调查与质量评价所采用的技术路线见图2-1。

1. 确定评价单元　利用基本农田保护区区划图、土壤图和土地利用现状图叠加的图斑为基本评价单元。相似相近的评价单元至少采集一个土壤样品进行分析，在评价单元图上连接评价单元属性数据库，用计算机绘制各评价因子图。

2. 确定评价因子　根据全国、省级耕地地力评价指标体系并通过农科教专家论证来选择沁水县县域耕地地力评价因子。

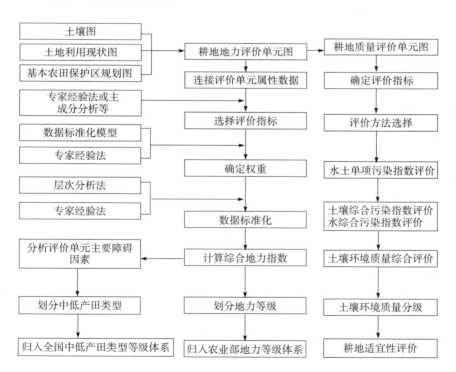

图2-1　耕地地力调查与质量评价技术路线流程图

3. 确定评价因子权重　用模糊数学德尔菲法和层次分析法将评价因子标准数据化，并计算出每一评价因子的权重。

4. 数据标准化　选用隶属函数法和专家经验法等数据标准化方法，对评价指标进行数据标准化处理，对定性指标要进行数值化描述。

5. 综合地力指数计算 用各因子的地力指数累加得到每个评价单元的综合地力指数。

6. 划分地力等级 根据综合地力指数分布的累积频率曲线法或等距法，确定分级方案，并划分地力等级。

7. 归入全国耕地地力等级体系 依据《全国耕地类型区、耕地地力等级划分》（NY/T 309—1996），归纳整理各级耕地地力要素主要指标，结合专家经验，将各级耕地地力归入全国耕地地力等级体系。

8. 划分中低产田类型 依据《全国中低产田类型划分与改良技术规范》（NY/T 310—1996），分析评价单元耕地土壤主要障碍因素，划分并确定中低产田类型。

第三节　野外调查及质量控制

一、调查方法

野外调查的重点是对取样点的立地条件、土壤属性、农田基础设施条件、农户栽培管理成本、收益及污染等情况全面了解、掌握。

1. 室内确定采样位置 技术指导组根据要求，在1∶10 000评价单元图上确定各类型采样点的采样位置，并在图上标注。

2. 培训野外调查人员 野外调查人员以各乡（镇）农科员为主，每乡（镇）一个调查组，各组成员由县土肥站包括乡（镇）技术人员和一个乡（镇）农科员、一个被取样村的干部、一个农民工组成。

3. 根据规程和规范要求，严格取样 各野外调查支队根据图标位置，在了解农户农业生产情况基础上，确定具有代表性田块和农户，用GPS定位仪进行定位，依据田块准确方位修正点位图上的点位位置。

4. 表格填写 按照《规程》、省级实施方案要求规定和《规范》规定，填写调查表格，并将采集的样品统一编号，带回室内化验。

二、调查内容

（一）基本情况调查项目

1. 采样地点和地块 地址名称采用民政部门认可的正式名称。地块采用当地的通俗名称。

2. 经纬度及海拔高度 由GPS定位仪进行测定。

3. 地形地貌 以形态特征划分为三大地貌类型，即中山地貌区、低山丘陵地貌区、河谷平川地貌区。

4. 地形部位 指中小地貌单元。主要包括河漫滩、一级阶地、二级阶地、高阶地、坡地、梁地、垣地、峁地、山地、沟谷、洪积扇。

5. 坡度 一般分为 <2.0°、2.1°～5.0°、5.1°～8.0°、8.1°～15.0°、15.1°～25.0°、

≥25.0°。

6. 侵蚀情况　按侵蚀种类和侵蚀程度记载，根据土壤侵蚀类型可划分为水蚀、风蚀、重力侵蚀、冻融侵蚀、混合侵蚀等，侵蚀程度通常分为无明显、轻度、中度、强度、极强度等六级。

7. 潜水深度　指地下水深度，分为深位（3～5米）、中位（2～3米）、浅位（≤2米）。

8. 家庭人口及耕地面积　指每个农户实有的人口数量和种植耕地面积（亩）。

（二）土壤性状调查项目

1. 土壤名称　统一按第二次土壤普查时的连续命名法填写，详细到土种。

2. 土壤质地　国际制；全部样品均需采用手摸测定；质地分为：沙土、沙壤、壤土、黏壤、黏土5级。室内选取10%的样品采用比重计法（粒度分布仪法）测定。

3. 质地构型　指不同土层之间质地构造变化情况。一般可分为通体壤、通体黏、通体沙、黏夹沙、底沙、壤夹黏、多砾、少砾、夹砾、底砾、少姜、多姜等。

4. 耕层厚度　用铁锹垂直铲下去，用钢卷尺按实际进行测量确定。

5. 障碍层次及深度　主要指沙土、黏土、砾石、料姜等所发生的层位、层次及深度。

6. 土壤母质　按成因类型分为洪积物、红土母质、黄土母质等类型。

（三）农田设施调查项目

1. 地面平整度　按大范围地形坡度分为平整（<2°）、基本平整（2°～5°）、不平整（>5°）。

2. 梯田化水平　分为地面平坦、园田化水平高，地面基本平坦、园田化水平较高，高水平梯田，缓坡梯田，新修梯田，坡耕地6种类型。

3. 田间输水方式　管道、防渗渠道、土渠等。

4. 灌溉方式　分为漫灌、畦灌、沟灌、滴灌、喷灌、管灌等。

5. 灌溉保证率　分为充分满足、基本满足、一般满足、无灌溉条件4种情况或按灌溉保证率（%）计。

6. 排涝能力　分为强、中、弱三级。

（四）生产性能与管理情况调查项目

1. 种植（轮作）制度　分为一年一熟、一年两熟、两年三熟等。

2. 作物（蔬菜）种类与产量　指调查地块上年度主要种植作物及其平均产量。

3. 耕翻方式及深度　指翻耕、旋耕、耙地、糖地、中耕等。

4. 秸秆还田情况　分翻压还田、覆盖还田等。

5. 设施类型棚龄或种菜年限　分为薄膜覆盖、塑料拱棚、温室等，棚龄以正式投入算起。

6. 上年度灌溉情况　包括灌溉方式、灌溉次数、年灌水量、水源类型、灌溉费用等。

7. 年度施肥情况　包括有机肥、氮肥、磷肥、钾肥、复合（混）肥、微肥、叶面肥、微生物肥及其他肥料施用情况，有机肥要注明类型，化肥指纯养分。

8. 上年度生产成本　包括化肥、有机肥、农药、农膜、种子（种苗）、机械人工及其他。

9. 上年度农药使用情况 农药作用次数、品种、数量。

10. 产品销售及收入情况。

11. 作物品种及种子来源。

12. 蔬菜效益 指当年纯收益。

三、采样数量

在沁水县 48.58 万亩耕地上，共采集大田土壤样品 3 600 个。

四、采样控制

野外调查采样是此次调查评价的关键。既要考虑采样代表性、均匀性，也要考虑采样的典型性。根据沁水县的区划划分特征，分别在不同作物类型、不同地力水平的农田严格按照规程和规范要求均匀布点，并按图标布点实地核查后进行定点采样。采样时严格按照操作规程要求采取，保证了调查采样质量。

第四节 样品分析及质量控制

一、分析项目及方法

（1）土壤容重：采用环刀法测定。

（2）pH：土液比 1：2.5，采用电位法测定。

（3）有机质：采用油浴加热重铬酸钾氧化容量法测定。

（4）全磷：采用氢氧化钠熔融——钼锑抗比色法测定。

（5）有效磷：采用碳酸氢钠浸提——钼锑抗比色法测定。

（6）全钾：采用氢氧化钠熔融——火焰光度计测定。

（7）速效钾：采用乙酸铵浸提——火焰光度计测定。

（8）全氮：采用凯氏蒸馏法测定。

（9）碱解氮：采用碱解扩散法测定。

（10）缓效钾：采用硝酸提取—火焰光度法测定。

（11）有效铜、锌、铁、锰：采用 DTPA 提取—原子吸收光谱法测定。

（12）有效钼：采用草酸—草酸铵浸提——极谱法草酸—草酸铵提取、极谱法测定。

（13）水溶性硼：采用沸水浸提——甲亚胺—H 比色法或姜黄素比色法测定。

（14）有效硫：采用磷酸盐—乙酸或氯化钙浸提——硫酸钡比浊法测定。

（15）有效硅：采用柠檬酸浸提——硅钼蓝色比色法测定。

（16）交换性钙和镁：采用乙酸铵提取——原子吸收光谱法测定。

（17）阳离子交换量：采用 EDTA—乙酸铵盐交换法测定。

二、分析测试质量控制

分析测试质量主要包括野外调查取样后样品风干、处理与实验室分析化验质量，其质量的控制是调查评价的关键。

（一）样品风干及处理

常规样品如大田样品、果园土壤样品，及时放置在干燥、通风、卫生、无污染的室内风干，风干后送化验室处理。

将风干后的样品平铺在制样板上，用木棍或塑料棍碾压，并将植物残体、石块等侵入体和新生体剔除干净。细小已断的植物须根，可采用静电吸附的方法清除。压碎的土样用2毫米孔径筛过筛，未通过的土粒重新碾压，直至全部样品通过2毫米孔径筛为止。通过2毫米孔径筛的土样可供 pH、盐分、交换性能及有效养分等项目的测定。

将通过2毫米孔径筛的土样用四分法取出一部分继续碾磨，使之全部通过0.25毫米孔径筛，供有机质、全氮、碳酸钙等项目的测定。

用于微量元素分析的土样，其处理方法同一般化学分析样品，但在采样、风干、研磨、过筛、运输、储存等诸环节都要特别注意，不要接触容易造成样品污染的铁、铜等金属器具。采样、制样推荐使用不锈钢、木、竹或塑料工具，过筛使用尼龙网筛等。通过2毫米孔径尼龙筛的样品可用于测定土壤有效态微量元素。

将风干土样反复碾碎，用2毫米孔径筛过筛。留在筛上的碎石称量后保存，同时将过筛的土壤称重，计算石砾质量百分数。将通过2毫米孔径筛的土样混匀后盛于广口瓶内，用于颗粒分析及其他物理性质测定。若风干土样中有铁锰结核、石灰结核、铁子或半风化体，不能用木棍碾碎，应首先将其细心拣出称量保存，然后再进行碾碎。

（二）实验室质量控制

1. 在测试前采取的主要措施

（1）按《规程》要求制订了周密的采样方案，尽量减少采样误差（把采样作为分析检验的一部分）。

（2）正式开始分析前，对检验人员进行了为期2周的培训：对监测项目、监测方法、操作要点、注意事项一一进行培训，并进行了质量考核，为监验人员掌握了解项目分析技术、提高业务水平、减少误差等奠定了基础。

（3）收样登记制度：制定了收样登记制度，将收样时间、制样时间、处理方法与时间、分析时间一一登记，并在收样时确定样品统一编码、野外编码及标签等，从而确保了样品的真实性和整个过程的完整性。

（4）测试方法确认（尤其是同一项目有几种检测方法时）：根据实验室现有条件、要求规定及分析人员掌握情况等确立最终采取的分析方法。

（5）测试环境确认：为减少系统误差，对实验室温湿度、试剂、用水、器皿等一一检验，保证其符合测试条件。对有些相互干扰的项目分开实验室进行分析。

（6）检测用仪器设备及时进行计量检定，定期进行运行状况检查。

2. 在检测中采取的主要措施

（1）仪器使用实行登记制度，并及时对仪器设备进行检查维修和调整。

（2）严格执行项目分析标准或规程，确保测试结果准确性。

（3）坚持平行试验、必要的重显性试验，控制精密度，减少随机误差。

每个项目开始分析时每批样品均须做 100%平行样品，结果稳定后，平行次数减少 50%，最少保证做 10%～15%平行样品。每个化验人员都自行编入明码样做平行测定，质控员还编入 10%密码样进行质量控制。

平行双样测定结果的误差在允许的范围之内为合格；平行双样测定全部不合格者，该批样品须重新测定；平行双样测定合格率<95%时，除对不合格的重新测定外，再增加 10%～20%的平行测定率，直到总合格率达 95%。

（4）坚持带质控样进行测定：

①与标准样对照：分析中，每批次带标准样品 10%～20%，以测定的精密度合格的前提下，标准样测定值在标准保证值（95%的置信水平）范围的为合格，否则本批结果无效，进行重新分析测定。

②加标回收法：对灌溉水样由于无标准物质或质控样品，采用加标回收试验来测定准确度。

加标率，在每批样品中，随机抽取 10%～20%试样进行加标回收测定。

加标量，被测组分的总量不得超出方法的测定上限。加标浓度宜高，体积应小，不应超过原定试样体积的 1%。

加标回收率在 90%～110%范围内的为合格。

$$回收率（\%）=\frac{测得总量-样品含量}{标准加入量}\times100$$

根据回收率大小，也可判断是否存在系统误差。

（5）注重空白试验：全程空白值是指用某一方法测定某物质时，除样品中不含该物质外，整个分析过程中引起的信号值或相应浓度值。它包含了试剂、蒸馏水中杂质带来的干扰，从待测试样的测定值中扣除，可消除上述因素带来的系统误差。如果空白值过高，则要找出原因，采取其他措施（如提纯试剂、更新试剂、更换容器等）加以消除。保证每批次样品做 2 个以上空白样，并在整个项目开始前按要求做全程序空白测定，每次做 2 个平行空白样，连测 5 天共得 10 个测定结果，计算批内标准偏差 S_{wb}

$$S_{wb}=\left[\sum(X_i-X_平)^2/m(n-1)\right]^{1/2}$$

式中：n——每天测定平均样个数；

m——测定天数。

（6）做好校准曲线：比色分析中标准系列保证设置 6 个以上浓度点。根据浓度和吸光值按一元线性回归方程计算其相关系数。

$$Y=a+bX$$

式中：Y——吸光度；

X——待测液浓度；

a——截距；

b——斜率。

要求标准曲线相关系数 r≥0.999。

校准曲线控制：①每批样品皆需做校准曲线；②标准曲线力求 r≥0.999，且有良好重现性；③大批量分析时每测 10～20 个样品要用一标准液校验，检查仪器状况；④待测液浓度超标时不能任意外推。

（7）用标准物质校核实验室的标准滴定溶液：标准物质的作用是校准。对测量过程中使用的基准纯、优级纯的试剂进行校验。校准合格才准用，确保量值准确。

（8）详细、如实记录测试过程，使检测条件可再现、检测数据可追溯。对测量过程中出现的异常情况也及时记录，及时查找原因。

（9）认真填写测试原始记录，测试记录做到：如实、准确、完整、清晰。记录的填写、更改均制定了相应制度和程序。当测试由一人读数一人记录时，记录人员复读多次所记的数字，减少误差发生。

3. 检测后主要采取的技术措施

（1）加强原始记录校核、审核，实行"三审三校"制度，对发现的问题及时研究、解决，或召开质量分析会，达成共识。

（2）运用质量控制图预防质量事故发生：对运用均值—极差控制图的判断，参照《质量专业理论与实名》中的判断准则。对控制样品进行多次重复测定，由所得结果计算出控制样的平均值 X 及标准差 S（或极差 R），就可绘制均值—标准差控制图（或均值—极差控制图），纵坐标为测定值，横坐标为获得数据的顺序。将均值 X 作成与横坐标平行的中心级 CL，$X\pm3S$ 为上下警戒限 UCL 及 LCL，$X\pm2S$ 为上下警戒限 UWL 及 LWL，在进行试样例行分析时，每批带入控制样，根据差异判异准则进行判断。如果在控制限之外，该批结果为全部错误结果，则必须查出原因，采取措施，加以消除，除"回控"后再重复测定，并控制不再出现，如果控制样的结果落在控制限和警戒限之间，说明精密度已不理想，应引起注意。

（3）控制检出限：检出限是指对某一特定的分析方法在给定的置信水平内，可以从样品中检测的待测物质的最小浓度或最小量。根据空白测定的批内标准偏差（S_{wb}）按下列公式计算检出限（95％的置信水平）。

①若试样一次测定值与零浓度试样一次测定值有显著性差异时，检出限（L）按下列公式计算：

$$L=2\times2^{1/2}tfS_{wb}$$

式中：L——方法检出限；

　　　tf——显著水平为 0.05（单侧）、自由度为 f 的 t 值；

　　　S_{wb}——批内空白值标准偏差；

　　　f——批内自由度，$f=m(n-1)$，m 为重复测定次数，n 为平行测定次数。

②原子吸收分析方法中检出限计算：$L=3S_{wb}$。

③分光光度法以扣除空白值后的吸光值为 0.010 相对应的浓度值为检出限。

（4）及时对异常情况处理：

①异常值的取舍：对检测数据中的异常值，按 GB 4883 标准规定采用 Grubbs 法或

Dixon 法加以判断处理。

②因外界干扰（如停电、停水），检测人员应终止检测，待排除干扰后重新检测，并记录干扰情况。当仪器出现故障时，故障排除后校准合格的，方可重新检测。

（5）使用计算机采集、处理、运算、记录、报告、存储检测数据时，应制定相应的控制程序。

（6）检验报告的编制、审核、签发：检验报告是实验工作的最终结果，是试验室的产品。因此，对检验报告质量要高度重视。检验报告应做到完整、准确、清晰、结论正确。必须坚持三级审核制度，明确制表、审核、签发的职责。

除此之外，为保证分析化验质量，提高实验室之间分析结果的可比性，山西省土壤肥料工作站抽查 5%～10% 样品在省测试中心进行复核，并编制密码样，对实验室进行质量监督和控制。

4. 技术交流 在分析过程中，发现问题及时交流，改进方法，不断提高技术水平。

5. 数据录入 分析数据按规程和方案要求审核后编码整理，和采样点一一对照，确认无误后进行录入。采取双人录入相互对照的方法，保证录入正确率。

第五节 评价依据、方法及评价标准体系的建立

一、评价原则依据

经专家评议，沁水县确定了三大因素 9 个因子为耕地地力评价指标。

（一）立地条件

指耕地土壤的自然环境条件，它包含与耕地质量直接相关的地貌类型及地形部位、成土母质、地面坡度等。

1. 地貌类型及其特征描述 沁水县主要地形地貌有河流宽谷阶地、河流一级阶地、二级阶地，低山丘陵坡地、沟谷地、黄土垣、梁地、丘陵低山（中、下）部及坡麓平坦地和山地。

2. 成土母质及其主要分布 在沁水县耕地上分布的母质类型有洪积物、黄土母质和红土母质。

3. 地面坡度 地面坡度反映水土流失程度，直接影响耕地地力，沁水县将地面坡度小于 25° 的耕地依坡度大小分成 6 级（＜2.0°、2.1°～5.0°、5.1°～8.0°、8.1°～15.0°、15.1°～25.0°、≥25.0°）进入地力评价系统。

（二）土壤属性

指土壤剖面中不同土层间质地构造变化情况，直接反映土壤发育及障碍层次，影响根系发育、水肥保持及有效供给，包括耕作层厚度、耕层质地、有机质、有效磷、速效钾 5 个因素。

1. 耕层厚度 按其厚度深浅从高到低依次分为 6 级（＞30 厘米、26～30 厘米、21～25 厘米、16～20 厘米、11～15 厘米、≤10 厘米）进入地力评价系统。

2. 质地 影响水肥保持及耕作性能。按卡庆斯基制的 6 级划分体系来描述，分别为

沙土、沙壤、轻壤、中壤、重壤、黏土。

3. 有机质　土壤肥力的重要指标，直接影响耕地地力水平。按其含量从高到低依次分为 6 级（>25.00 克/千克、20.01～25.00 克/千克、15.01～20.00 克/千克、10.01～15.00 克/千克、5.01～10.00 克/千克、≤5.00 克/千克）进入地力评价系统。

4. 有效磷　按其含量从高到低依次分为 6 级（>25.00 毫克/千克、20.1～25.00 毫克/千克、15.1～20.00 毫克/千克、10.1～15.00 毫克/千克、5.1～10.00 毫克/千克、≤5.00 毫克/千克）进入地力评价系统。

5. 速效钾　按其含量从高到低依次分为 6 级（>200 毫克/千克、151～200 毫克/千克、101～150 毫克/千克、81～100 毫克/千克、51～80 毫克/千克、≤50 毫克/千克）进入地力评价系统。

（三）农田基础设施条件

灌溉保证率：指降水不足时的有效补充程度，是提高作物产量的有效途径，分为充分满足，可随时灌溉；基本满足，在关键时期可保证灌溉；一般满足，大旱之年不能保证灌溉；无灌溉条件等 4 种情况。

二、耕地地力评价方法及流程

（一）技术方法

1. 文字评述法　对一些概念性的评价因子（如地形部位、土壤母质、质地、灌溉保证率等）进行定性描述。

2. 专家经验法（德尔菲法）　山西省农业厅组织山西省土壤肥料工作站、沁水县土肥站专家和当地具有农业生产实践经验的技术人员，参与评价因素的筛选和隶属度确定（包括概念型和数值型评价因子的评分），见表 2-1。

表 2-1　各评价因子专家打分意见表

因　子	平均值	众数值	建议值
立地条件（C_1）	1.6	1（17）	1
土体构型（C_2）	3.7	3（15）5（13）	3
较稳定的理化性状（C_3）	4.47	3（13）5（10）	4
易变化的化学性状（C_4）	4.2	5（13）3（11）	5
农田基础建设（C_5）	1.47	1（17）	1
地形部位（A_1）	1.8	1（23）	1
成土母质（A_2）	3.9	3（9）5（12）	5
地形坡度（A_3）	3.1	3（14）5（7）	3
耕层厚度（A_4）	2.7	3（17）1（10）	3

（续）

因　子	平均值	众数值	建议值
耕层质地（A_5）	2.9	1（13）5（11）	1
有机质（A_6）	2.7	1（14）3（11）	3
有效磷（A_7）	1.0	1（31）	1
速效钾（A_8）	2.7	3（16）1（10）	3
灌溉保证率（A_9）	1.2	1（30）	1

3. 模糊综合评判法　应用这种数理统计的方法对数值型评价因子（如地面坡度、耕层厚度、有机质、有效磷、速效钾、灌溉保证率等）进行定量描述，即利用专家给出的评分（隶属度）建立某一评价因子的隶属函数，如表 2-2。

表 2-2　沁水县耕地地力评价数字型因子分级及其隶属度

评价因子	量　纲	一级	二级	三级	四级	五级	六级
		量　值	量　值	量　值	量　值	量　值	量　值
地面坡度	°	<2.00	2.00～5.00	5.10～8.00	8.10～15.00	15.10～25.00	≥25
耕层厚度	厘米	>30.00	26.00～30.00	21.00～25.00	16.00～20.00	11.00～15.00	≤10
有机质	克/千克	>25.00	20.01～25.00	15.01～20.00	10.01～15.00	5.01～10.00	≤5.00
有效磷	毫克/千克	>25.00	20.10～25.00	15.10～20.00	10.10～15.00	5.10～10.00	≤5.0
速效钾	毫克/千克	>200.00	151.00～200.00	101.00～150.00	81.00～100.00	51.00～80.00	≤50
灌溉保证率		充分满足	基本满足	基本满足	一般满足	无灌溉条件	

4. 层次分析法　用于计算各参评因子的组合权重。本次评价，把耕地生产性能（即耕地地力）作为目标层（G 层），把影响耕地生产性能的立地条件、土体构型、较稳定的理化性状、易变化的化学性状、农田基础设施条件作为准则层（C 层），再把影响准则层中的各因素的项目作为指标层（A 层），建立耕地地力评价层次结构图。在此基础上，由34 名专家分别对不同层次内各参评因素的重要性做出判断，构造出不同层次间的判断矩阵。最后计算出各评价因子的组合权重。

5. 指数和法　采用加权法计算耕地地力综合指数，即将各评价因子的组合权重与相应的因素等级分值（即由专家经验法或模糊综合评判法求得的隶属度）相乘后累加，如：

$$IFI = \sum B_i \times A_i (i = 1, 2, 3, \cdots, 15)$$

式中：IFI——耕地地力综合指数；

　　　　B_i——第 i 个评价因子的等级分值；

　　　　A_i——第 i 个评价因子的组合权重。

（二）技术流程

1. 应用叠加法确定评价单元　把基本农田保护区规划图与土地利用现状图、土壤图叠加形成的图斑作为评价单元。

2. 空间数据与属性数据的连接　用评价单元图分别与各个专题图叠加，为每一评价单元获取相应的属性数据。根据调查结果，提取属性数据进行补充。

3. 确定评价指标 根据全国耕地地力调查评价指数表，由山西省土壤肥料工作站组织专家，采用德尔菲法和模糊综合评判法确定沁水县耕地地力评价因子及其隶属度。

4. 应用层次分析法确定各评价因子的组合权重。

5. 数据标准化 计算各评价因子的隶属函数，对各评价因子的隶属度数值进行标准化。

6. 应用累加法计算每个评价单元的耕地地力综合指数。

7. 划分地力等级 分析综合地力指数分布，确定耕地地力综合指数的分级方案，划分地力等级。

8. 归入农业部地力等级体系 选择 10% 的评价单元，调查近 3 年粮食单产（或用基础地理信息系统中已有资料），与以粮食作物产量为引导确定的耕地基础地力等级进行相关分析，找出两者之间的对应关系，将评价的地力等级归入农业部确定的等级体系（NY/T 309—1996 全国耕地类型区、耕地地力等级划分）。

9. 采用 GIS、GPS 系统编绘各种养分图和地力等级图等图件。

三、评价标准体系建立

（一）耕地地力要素的层次结构：见图 2-2。

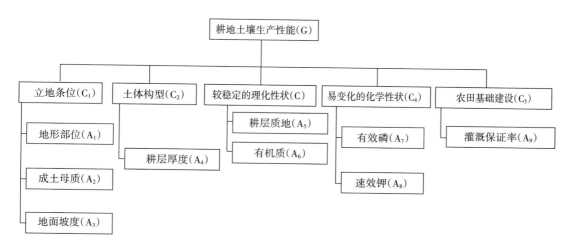

图 2-2 耕地地力要素层次结构

（二）耕地地力要素的隶属度

1. 概念性评价因子 各评价因子的隶属度及其描述见表 2-3。

2. 数值型评价因子 各评价因子的隶属函数（经验公式）见表 2-4。

（三）耕地地力要素的组合权重

应用层次分析法所计算的各评价因子的组合权重见表 2-5。

表 2-3　沁水县耕地地力评价概念性因子隶属度及其描述

地形部位	描　述	河漫滩	一级阶地	二级阶地	高阶地	垣　地	洪积扇（上、中、下）			倾斜平原	梁地	峁地	坡麓	沟谷
	隶属度	0.7	1.0	0.9	0.7	0.4	0.4	0.6	0.8	0.8	0.2	0.2	0.1	0.6
母质类型	描　述	洪积物		河流冲积物		黄土状冲积物		残积物		保德红土		马兰黄土		离石黄土
	隶属度	0.7		0.9		1.0		0.2		0.3		0.5		0.6
耕层质地	描　述	沙　土		沙　壤		轻　壤		中　壤		重　壤		黏　土		
	隶属度	0.2		0.6		0.8		1.0		0.8		0.4		
灌溉保证率	描　述	充分满足			基本满足			一般满足			无灌溉条件			
	隶属度	1.0			0.7			0.4			0.1			

表 2-4　沁水县耕地地力评价数值型因子隶属函数

函数类型	评价因子	经验公式	C	U_t
戒下型	地面坡度（°）	$y=1/[1+6.492\times10^{-3}\times(u-c)^2]$	3.00	$\geqslant25.00$
戒上型	耕层厚度（厘米）	$y=1/[1+4.057\times10^{-3}\times(u-c)^2]$	33.80	$\leqslant10.00$
戒上型	有机质（克/千克）	$y=1/[1+2.912\times10^{-3}\times(u-c)^2]$	28.40	$\leqslant5.00$
戒上型	有效磷（毫克/千克）	$y=1/[1+3.035\times10^{-3}\times(u-c)^2]$	28.80	$\leqslant5.00$
戒上型	速效钾（毫克/千克）	$y=1/[1+5.389\times10^{-5}\times(u-c)^2]$	228.76	$\leqslant50.00$

表 2-5　沁水县耕地地力评价因子层次分析结果

指标层	准则层					组合权重
	C_1	C_2	C_3	C_4	C_5	$\sum C_i A_i$
	0.434 2	0.059 1	0.097 4	0.130 4	0.278 9	1.000 0
A_1 地形部位	0.558 9					0.242 7
A_2 成土母质	0.183 2					0.079 5
A_3 地面坡度	0.257 9					0.112 0
A_4 耕层厚度		1.000 0				0.059 1
A_5 耕层质地			0.500 0			0.048 7
A_6 有机质			0.500 0			0.048 7
A_7 有效磷				0.626 7		0.081 7
A_8 速效钾				0.373 3		0.048 7
A_9 灌溉保证率					1.000 0	0.278 9

第六节　耕地资源管理信息系统建立

一、耕地资源管理信息系统的总体设计

耕地资源信息系统以一个县行政区域内耕地资源为管理对象，应用 GIS 技术对辖区内的地形、地貌、土壤、土地利用、农田水利、土壤污染、农业生产基本情况、基本

农田保护区等资料进行统一管理，构建耕地资源基础信息系统，并将此数据平台与各类管理模型结合，对辖区内的耕地资源进行系统的动态管理，为农业决策者、农民和农业技术人员提供耕地质量动态变化、土壤适宜性、施肥咨询、作物营养诊断等多方位的信息服务。

本系统行政单元为村，农田单元为基本农田保护块，土壤单元为土种，系统基本管理单元为土壤、基本农田保护块、土地利用现状叠加所形成的评价单元。

1. 系统结构　耕地资源管理信息系统结构见图 2 - 3。

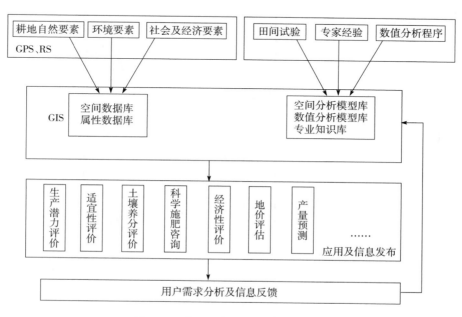

图 2 - 3　耕地资源管理信息系统结构

2. 县域耕地资源管理信息系统建立工作流程　见图 2 - 4。

3. CLRMIS、硬件配置

（1）硬件：CPU：Intel Duo Core，≥500G 的硬盘，≥2G 的内存，≥128M 的显存，A4 扫描仪，彩色喷墨打印机。

（2）软件：Windows 98/2000/XP，Excel 97/2000/XP 等。

二、资料收集与整理

（一）图件资料收集与整理

图件资料指印刷的各类地图、专题图以及商品数字化矢量和栅格图。图件比例尺为 1∶50 000 和 1∶10 000。

1. 地形图　统一采用中国人民解放军总参谋部测绘局测绘的地形图。由于近年来公路、水系、地形地貌等变化较大，因此采用水利、公路、规划、国土等部门的有关最新图件资料对地形图进行修正。

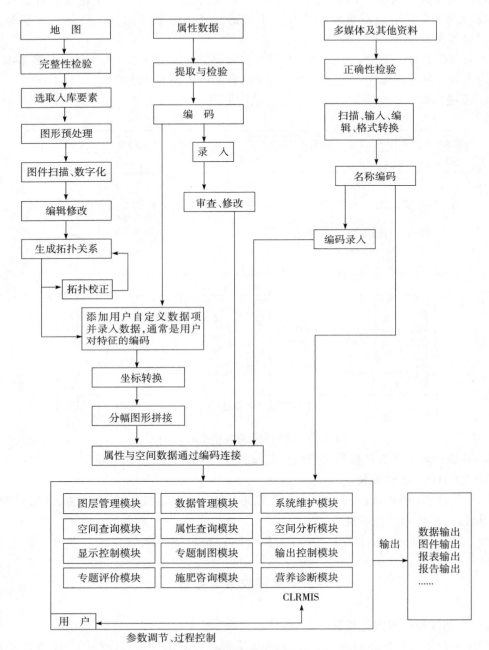

图 2-4　县域耕地资源管理信息系统建立工作流程

2. 行政区划图　由于近年撤乡并镇等工作致使部分地区行政区划变化较大，因此按最新行政区划进行修正，同时注意名称、拼音、编码等的一致。

3. 土壤图及土壤养分图　采用第二次土壤普查成果图。

4. 基本农田保护区现状图　采用国土局最新划定的基本农田保护区图。

5. 地貌类型分区图　根据地貌类型将辖区内农田分区，采用第二次土壤普查分类系统绘制成图。

6. 土地利用现状图　现有的土地利用现状图。

7. 主要污染源点位图　调查本地可能对水体、大气、土壤形成污染的矿区、工厂等，并确定污染类型及污染强度，在地形图上准确标明位置及编号。

8. 土壤肥力监测点点位图　在地形图上标明准确位置及编号。

9. 土壤普查土壤采样点点位图　在地形图上标明准确位置及编号。

（二）数据资料收集与整理

1. 基本农田保护区一级、二级地块登记表，国土局基本农田划定资料。

2. 其他有关基本农田保护区划定统计资料，国土局基本农田划定资料。

3. 近几年粮食单产、总产、种植面积统计资料（以村为单位）。

4. 其他农村及农业生产基本情况资料。

5. 历年土壤肥力监测点田间记载及化验结果资料。

6. 历年肥情点资料。

7. 县、乡、村名编码表。

8. 近几年土壤、植株化验资料（土壤普查、肥力普查等）。

9. 近几年主要粮食作物、主要品种产量构成资料。

10. 各乡历年化肥销售、使用情况。

11. 土壤志、土种志。

12. 特色农产品分布、数量资料。

13. 主要污染源调查情况统计表（地点、污染类型、方式、强度等）。

14. 当地农作物品种及特性资料，包括各个品种的全生育期、大田生产潜力、最佳播期、移栽期、播种量、栽插密度、百千克籽粒需氮量、需磷量、需钾量等，以及品种特性介绍。

15. 一元、二元、三元肥料肥效试验资料，计算不同地区、不同土壤、不同作物品种的肥料效应函数。

16. 不同土壤、不同作物基础地力产量占常规产量比例资料。

（三）文本资料收集与整理

1. 全县及各乡（镇）基本情况描述。

2. 各土种性状描述，包括其发生、发育、分布、生产性能、障碍因素等。

（四）多媒体资料收集与整理

1. 土壤典型剖面照片。

2. 土壤肥力监测点景观照片。

3. 当地典型景观照片。

4. 特色农产品介绍（文字、图片）。

5. 地方介绍资料（图片、录像、文字、音乐）。

三、属性数据库建立

（一）属性数据内容

CLRMIS 主要属性资料及其来源见表 2-6。

表 2-6　CLRMIS 主要属性资料及其来源

编　号	名　称	来　源
1	湖泊、面状河流属性表	水利局
2	堤坝、渠道、线状河流属性数据	水利局
3	交通道路属性数据	交通局
4	行政界线属性数据	农业局
5	耕地及蔬菜地灌溉水、回水分析结果数据	农业局
6	土地利用现状属性数据	国土局、卫星图片解译
7	土壤、植株样品分析化验结果数据表	本次调查资料
8	土壤名称编码表	土壤普查资料
9	土种属性数据表	土壤普查资料
10	基本农田保护块属性数据表	国土局
11	基本农田保护区基本情况数据表	国土局
12	地貌、气候属性表	土壤普查资料
13	县乡村名编码表	统计局

（二）属性数据分类与编码

数据的分类编码是对数据资料进行有效管理的重要依据。编码的主要目的是节省计算机内存空间，便于用户理解使用。地理属性进入数据库之前进行编码是必要的，只有进行了正确的编码，空间数据库与属性数据库才能实现正确连接。编码格式有英文字母与数学组合。本系统主要采用数字表示的层次型分类编码体系，它能反映专题要素分类体系的基本特征。

（三）建立编码字典

数据字典是数据库应用设计的重要内容，是描述数据库中各类数据及其组合的数据集合，也称元数据。地理数据库的数据字典主要用于描述属性数据，它本身是一个特殊用途的文件，在数据库整个生命周期里都起着重要的作用。它避免重复数据项的出现，并提供了查询数据的唯一入口。

（四）数据库结构设计

属性数据库的建立与录入可独立于空间数据库和 GIS 系统，可以在 Access、dBase、Foxbase 和 Foxpro 下建立，最终统一以 dBase 的 dbf 格式保存入库。下面以 dBase 的 dbf 数据库为例进行描述。

1. 湖泊、面状河流属性数据库 lake. dbf

字段名	属　性	数据类型	宽　度	小数位	量　纲
lacode	水系代码	N	4	0	代　码
laname	水系名称	C	20		
lacontent	湖泊储水量	N	8	0	万立方米
laflux	河流流量	N	6		立方米/秒

2. 堤坝、渠道、线状河流属性数据 stream. dbf

字段名	属　性	数据类型	宽　度	小数位	量　纲
ricode	水系代码	N	4	0	代　码
riname	水系名称	C	20		
riflux	河流、渠道流量	N	6		立方米/秒

3. 交通道路属性数据库 traffic. dbf

字段名	属　性	数据类型	宽　度	小数位	量　纲
rocode	道路编码	N	4	0	代　码
roname	道路名称	C	20		
rograde	道路等级	C	1		
rotype	道路类型	C	1		（黑色/水泥/石子/土地）

4. 行政界线（省、市、县、乡、村）属性数据库 boundary. dbf

字段名	属　性	数据类型	宽　度	小数位	量　纲
adcode	界线编码	N	1	0	代　码
adname	界线名称	C	4		

adcode	name
1	国　界
2	省　界
3	市　界
4	县　界
5	乡　界
6	村　界

5. 土地利用现状* 属性数据库 landuse. dbf

字段名	属　性	数据类型	宽　度	小数位	量　纲
lucode	利用方式编码	N	2	0	代　码
luname	利用方式名称	C	10		

* 土地利用现状分类表。

6. 土种属性数据表 soil. dbf

字段名	属　性	数据类型	宽　度	小数位	量　纲
sgcode	土种代码	N	4	0	代　码
stname	土类名称	C	10		
ssname	亚类名称	C	20		
skname	土属名称	C	20		

土种典型剖面有关属性数据：

字段名	属　性	数据类型	宽　度	小数位	量　纲
sgname	土种名称	C	20	0	代　码
pamaterial	成土母质	C	50		
profile	剖面构型	C	50		
text	剖面照片文件名	C	40		
picture	图片文件名	C	50		
html	HTML 文件名	C	50		
video	录像文件名	C	40		

＊土壤系统分类表。

7. 土壤养分（pH、有机质、氮等）**属性数据库 nutr＊＊＊＊. dbf**

本部分由一系列的数据库组成，视实际情况不同有所差异，如在盐碱土地区还包括盐分含量及离子组成等。

（1）pH 库 nutrpH. dbf：

字段名	属　性	数据类型	宽　度	小数位	量　纲
code	分级编码	N	4	0	代　码
number	pH	N	4	1	

（2）有机质库 nutrom. dbf：

字段名	属　性	数据类型	宽　度	小数位	量　纲
code	分级编码	N	4	0	代　码
number	有机质含量	N	5	2	百分含量

（3）全氮量库 nutrN. dbf：

字段名	属　性	数据类型	宽　度	小数位	量　纲
code	分级编码	N	4	0	代　码
number	全氮含量	N	5	3	百分含量

（4）速效养分库 nutrP. dbf：

字段名	属　性	数据类型	宽　度	小数位	量　纲
code	分级编码	N	4	0	代　码
number	速效养分含量	N	5	3	毫克/千克

8. 基本农田保护块属性数据库 farmland. dbf

字段名	属　性	数据类型	宽　度	小数位	量　纲
plcode	保护块编码	N	7	0	代　码
plarea	保护块面积	N	4	0	亩
cuarea	其中耕地面积	N	6		
eastto	东　至	C	20		
westto	西　至	C	20		
sorthto	南　至	C	20		
northto	北　至	C	20		

字段名	属　性	数据类型	宽　度	小数位	量　纲
plperson	保护责任人	C	6		
plgrad	保护级别	N	1		

9. 地貌*、气候属性表 landform. dbf

字段名	属　性	数据类型	宽　度	小数位	量　纲
landcode	地貌类型编码	N	2	0	代　码
landname	地貌类型名称	C	10		
rain	降水量	C	6		

* 地貌类型编码表。

10. 基本农田保护区基本情况数据表（略）

11. 县、乡、村名编码表

字段名	属　性	数据类型	宽　度	小数位	量　纲
vicodec	单位编码—县内	N	5	0	代　码
vicoden	单位编码—统一	N	11		
viname	单位名称	C	20		
vinamee	名称拼音	C	30		

（五）数据录入与审核

数据录入前仔细审核，数值型资料注意量纲、上下限，地名应注意汉字多音字、繁简体、简全称等问题，审核定稿后再录入。录入后仔细检查，保证数据录入无误后，将数据库转为规定的格式（dBase 的 dbf 文件格式文件），再根据数据字典中的文件名编码命名后保存在规定的子目录下。

文字资料以 TXT 格式命名保存，声音、音乐以 WAV 或 MID 文件保存，超文本以 HTML 格式保存，图片以 BMP 或 JPG 格式保存，视频以 AVI 或 MPG 格式保存，动画以 GIF 格式保存。这些文件分别保存在相应的子目录下，其相对路径和文件名录入相应的属性数据库中。

四、空间数据库建立

（一）数据采集的工艺流程

在耕地资源数据库建设中，数据采集的精度直接关系到现状数据库本身的精度和今后的应用，数据采集的工艺流程是关系到耕地资源信息管理系统数据库质量的重要基础工作。因此，对数据的采集制定了一个详尽的工艺流程。首先，对收集的资料进行分类检查、整理与预处理；其次，按照图件资料介质的类型进行扫描，并对扫描图件进行扫描校正；再次，进行数据的分层矢量化采集、矢量化数据的检查；最后，对矢量化数据进行坐标投影转换与数据拼接工作以及数据、图形的综合检查和数据的分层与格式转换。

具体数据采集的工艺流程见图 2 - 5。

（二）图件数字化

1. 图件的扫描　由于所收集的图件资料为纸介质的图件资料，所以采用灰度法进行扫描。扫描的精度为 300dpi。扫描完成后将文件保存为 ＊ . TIF 格式。在扫描过程中，为了能够保证扫描图件的清晰度和精度，对图件先进行预扫描。在预扫描过程中，检查扫描图件的清晰度，其清晰度必须能够区分图内的各要素，然后利用 Lontex Fss8300 扫描仪自带的 CAD image/scan 扫描软件进行角度校正，角度校正后必须保证图幅下方两个内图廓点的连线与水平线的角度误差小于 0.2°。

2. 数据采集与分层矢量化　对图形的数字化采用交互式矢量化方法，确保图形矢量化的精度。在耕地资源信息系统数据库建设中需要采集的要素有：点状要素、线状要素和面状要素。由于所采集的数据种类较多，所以必须对所采集的数据按不同类型进行分层采集。

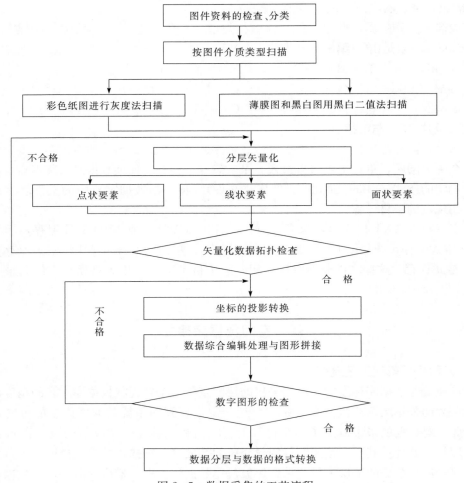

图 2-5　数据采集的工艺流程

（1）点状要素的采集：可以分为两种类型，一种是零星地类，另一种是注记点。零星地类包括一些有点位的点状零星地类和无点位的零星地类。对于有点位的零星地类，在数据的分层矢量化采集时，将点标记置于点状要素的几何中心点，对于无点位的零星地类在分层矢量化采集时，将点标记置于原始图件的定位点。农化点位、污染源点位等注记点的采集按照原始图件资料中的注记点，在矢量化过程中一一标注相应的位置。

（2）线状要素的采集：在耕地资源图件资料上的线状要素主要有水系、道路、带有宽度的线状地物界、地类界、行政界线、权属界线、土种界、等高线等，对于不同类型的线状要素，进行分层采集。线状地物主要是指道路、水系、沟渠等，线状地物数据采集时考虑到有些线状地物，由于其宽度较宽，如一些较大的河流、沟渠，它们在地图上可以按照图件资料的宽度比例表示为一定的宽度，则按其实际宽度的比例在图上表示；有些线状地物，如一些道路和水系，由于其宽度不能在图上表示，在采集其数据时，则按栅格图上的线状地物的中轴线来确定其在图上的实际位置。对地类界、行政界、土种界和等高线数据的采集，保证其封闭性和连续性。线状要素按照其种类不同分层采集、分层保存，以备数据分析时进行利用。

（3）面状要素的采集：面状要素要在线状要素采集后，通过建立拓扑关系形成区后进行。由于面状要素是由行政界线、权属界线、地类界线和一些带有宽度的线状地物界等结状要素所形成的一系列的闭合性区域，其主要包括行政区、权属区、土壤类型区等图斑。所以，对于不同的面状要素，因采用不同的图层对其进行数据的采集。考虑到实际情况，将面状要素分为行政区层、地类层、土壤层等图斑层。将分层采集的数据分层保存。

（三）矢量化数据的拓扑检查

由于在矢量化过程中不可避免地要存在一些问题，因此，在完成图形数据的分层矢量化以后，要进行下一步工作时，必须对分层矢量化以后的数据进行矢量化数据的拓扑检查。在对矢量化数据的拓扑检查中主要是完成以下几方面的工作：

1. 消除在矢量化过程中存在的一些悬挂线段　在线状要素的采集过程中，为了保证线段完全闭合，某些线段可能出现相互交叉的情况，这些均属于悬挂线段。在进行悬挂线段的检查时，首先使用 MapGIS 的线文件拓扑检查功能，自动对其检查和清除，如果其不能自动清除的，则对照原始图件资料进行手工修正。对线状要素进行矢量化数据检查完成以后，随即由作图员对所矢量化的数据与原始图件资料相对比进行检查，如果在对检查过程中发现有一些通过拓扑检查所不能解决的问题，矢量化数据的精度不符合精度要求的，或者是某些线状要素存在一定的位移而难以校正的，则对其中的线状要素进行重新矢量化。

2. 检查图斑和行政区等面状要素的闭合性　图斑和行政区是反映一个地区耕地资源状况的重要属性，在对图件资料中的面状要素进行数据的分层矢量化采集中，由于图件资料中所涉及的图斑较多，在数据的矢量化采集过程中，有可能存在一些图斑或行政界的不闭合情况，可以利用 MapGIS 的区文件拓扑检查功能，对在面状要素分层矢量化采集过程中所保存的一系列区文件进行矢量化数据的拓扑检查。在拓扑检查过程中可以消除大多数区文件的不闭合情况。对于不能自动消除的，通过与原始图件资料的相互检查，消除其不闭合情况。如果通过对适量化以后的区文件的拓扑检查，可以消除在适量化过程中所出现的上述问题，则进行下一步工作，如果在拓扑检查以后还存在一些问题，则对其进行重新矢量化，以确保系统建设的精度。

（四）坐标的投影转换与图件拼接

1. 坐标转换　在进行图件的分层矢量化采集过程中，所建立的图面坐标系（单位为毫米），而在实际应用中，则要求建立平面直角坐标系（单位为米）。因此，必须利用MapGIS所提供的坐标转换功能，将图面坐标转换成为正投影的大地直角坐标系。在坐标转换过程中，为了能够保证数据的精度，可根据提供数据源的图件精度的不同，在坐标转换过程中，采用不同的质量控制方法进行坐标转换工作。

2. 投影转换　县级土地利用现状数据库的数据投影方式采用高斯投影，也就是将进行坐标转换以后的图形资料，按照大地坐标系的经纬度坐标进行转换，便于今后进行图件拼接。在进行投影转换时，对 1∶10 000 土地利用图件资料，投影的分带宽度为 3°。但是根据地形的复杂程度，行政区的跨度和图幅的具体情况，对于部分图形采用非标准的 3°分带高斯投影。

3. 图件拼接　沁水县提供的 1∶10 000 土地利用现状图是采用标准分幅图，在系统建设过程中应图幅进行拼接。在图斑拼接检查过程中，相邻图幅间的同名要素误差应小于 1毫米，这时移动其任何一个要素进行拼接，同名要素间距在 1～3 毫米的处理方法是将两个要素各自移动一半，在中间部分结合，这样图幅拼接完全满足了精度要求。

五、空间数据库与性属性据库的连接

MapGIS 系统采用不同的数据模型分别对性属性据和空间数据进行存储管理，属性数据采用关系模型，空间数据采用网状模型。两种数据的连接非常重要。在一个图幅工作单元 Coverage 中，每个图形单元由一个标识码来唯一确定。同时一个 Coverage 中可以若干个关系数据库文件即要素属性表，用以完成对 Coverage 的地理要素的属性描述。图形单元标识码是要素属性表中的一个关键字段，空间数据与属性数据以此字段形成关联，完成对地图的模拟。这种关联是 MapGIS 的两种模型联成一体，可以方便地从空间数据检索属性数据或者从属性数据检索空间数据。

对属性与空间数据的连接采用的方法是：在图件矢量化过程中，标记多边形标识点，建立多边形编码表，并运用 MapGIS 将用 Foxpro 建立的属性数据库自动连接到图形单元中，这种方法可由多人同时进行工作，速度较快。

第三章　耕地土壤属性

第一节　土壤类型及分布

一、土壤类型及分布

根据全国第二次土壤普查，1984年山西省沁水县第二次土壤普查土壤工作分类系统，沁水县土壤共分4个土类，8个亚类，23个土属，40个土种。根据1985年山西省第二次土壤普查土壤及相关统计资料，沁水县土壤分为8个土类，11个亚类，19个土属，25个土种，其中耕地土壤分为7个土类，10个亚类，其中耕地土壤分为7个土类，10个亚类，18个土属，24个土种。具体分布见表3-1。

表3-1　沁水县耕地土壤分布状况

土类	面积（亩）	亚类面积（亩）	分　布
褐土	459 685.59	淋溶褐土 17 300.24	分布在中村和龙港镇的王寨、杏峪，海拔高度为1 200～1 650米
		褐土性土 434 191.53	分布于除下川外的14个乡（镇），海拔为800～1 400米
		典型褐土 8 183.25	分布在郑庄、加丰等乡（镇）的河谷地带的二级阶地和残存的三级阶地上，东峪盆地有少量分布，海拔高度为700～1 300米
		石灰质褐土 10.57	柿庄镇的团里村少量分布
粗骨土	1 852.64	钙质粗骨土 1 852.64	分布在中村镇向阳村、土沃乡南沟村，海拔为1 240米山顶和山坡上部，龙港、端氏、固县一些沙石山区也有零星分布
潮土	9 034.47	潮土 9 304.47	分布在龙港、郑庄、端氏、樊村河、苏庄、加丰、柿庄、固县、十里等乡（镇）沿河两岸一级阶地和滩地，海拔高度随河床降比度的不同从600～1 300米均有分布
新积土	10 204.46	冲积土 10 204.46	分布在龙港、加丰、端氏、郑村、固县等乡（镇）的二级阶地及河漫滩
红黏土	2 654.47	红黏土 2 654.47	郑村镇常店、肖庄、郭庄、许村及胡底乡的玉溪村
石质土	1 805.9	石质土 1 805.9	土沃乡的上下沃泉、杏则、西阳圳
棕壤	532.08	棕壤 532.08	分布在中村镇的上川、东川、中村村
总计			485 769.61

注：①表中分类是按1985年分类系统分类；②土壤类型特征及主要生产性能中的分类是按照1985年标准分类，土类、亚类、土属、土种后面括号中即是1984年标准分类。

二、土壤类型特征及主要生产性能

（一）褐土

褐土是暖温带半干旱季风气候条件下的产物，也是沁水县的主要农业土壤。有耕地面积为 455 685.59 亩，占总耕地面积的 94.63%。在春旱严重，夏季高温多雨，冬季气爽多风的特定气候条件下，土壤有一定的淋溶作用，土壤中的黏粒、碳酸钙及易溶性养分随季节性淋溶，在心土层和心土层以下积聚，碳酸钙呈白色假菌丝体和霜状物。但由于蒸发量高的旱季，原来趋向于淋溶的物质，通过毛细管水的上升作用，在一定深度内积累，表现出明显的黏化层和钙积层。因此，在上述成土过程中，褐土具有以下共同特征：①具有腐殖质层—黏化层—钙积层—母质层的土体构型；②自然褐土腐殖层较厚，有机质含量为 2%～5%；耕种褐土耕层有机质含量为 1%～3%；③有较明显的黏化层，此层小于 0.01 厘米，黏粒含量多为 45% 以上，比上层相对含量增高 8%～9%；④一般有较强的石灰反应，碳酸钙含量多为 10%～15%，钙积层新生体多以丝状为主，碳酸钙含量为 15% 左右，比土层相对含量增高 7%～8%；⑤pH 大于 7.5，呈微碱性反应；⑥耕种土层中有机质矿化和养分钙化随人为作用的加强而增强，熟化程度不断提高，耕层结构多以团粒状和屑粒状为主，但在新土层以下，仍保持褐土的主要特征，如钙积层、黏化层等。

根据褐土土类不同的成土过程，沁水县可分为淋溶褐土、褐土性土、典型褐土、石灰质褐土 4 个亚类，现分述如下：

1. 淋溶褐土 该亚类为沁水县次生林区的主要土壤，面积为 17 300.24 亩，占褐土土类的 3.76%，占总耕地面积的 3.56%。分布在中村、土沃、龙港、十里、樊村河等乡（镇），树龄为 30 年以上的针阔叶混交林区及其灌丛植被下发育起来的土壤。海拔高度为 1 200～1 650 米，植被类型主要有侧柏、小叶杨、胡枝子、锦鸡叶、沙棘等。由于所处海拔较高，温度较低，再加之降水量多，土体淋溶较强，土壤中碳酸钙基本被淋溶殆尽，表土碳酸钙含量小于 0.1%。根据其母质、层次和质地的不同，可分为 3 个土属 4 个土种：

（1）沙泥质淋溶褐土：土种为薄沙泥质淋土（薄层少砾砂页岩质山地淋溶褐土、中层少砾砂页岩质山地淋溶褐土）。

主要分布在龙港、张村、十里、中村、土沃等乡（镇）的针阔叶混交林区和下川历山舜王坪原始森林保护区下部，及中村、土沃 2 个乡（镇）的密林区，海拔高度为 1 200～1 650 米，自然植被为油松、荆秧。农业利用方式为林地，是本县林区主要土壤之一。土层以上 1～2 厘米为枯枝落叶层，腐殖质积累丰富。pH 为 7.2～7.5，呈中性反应，应采取间植间伐原则，加强森林保护。

（2）红黄土质淋溶褐土：土种为耕红黄淋土（耕种重壤厚层红黄土质山地淋溶褐土）。

主要分布在中村镇上川、下川村、东川村等村。本土种发育在红黄土母质上，由人为作用转化为耕地。具有以下特征：①土体深厚。土层达 150 厘米以上；②质地黏重，通体无石灰反应，通水透气性差；③耕有机质含量丰富，表层有机质大于 2%，但分解迟缓。农业利用方式为一年一作，宜种植耐寒早熟性农作物。

（3）黄土质淋溶褐土：土种为黄淋土（耕种中壤厚层红黄土质山地淋溶褐土）。

主要分布在中村镇下川山迤岩村、向阳村等村。本土种发育在黄土母质上，当地主要耕地土壤。具有以下特征：①土体深厚。土层达 150 厘米以上；②质地中至重壤，通体无石灰反应；③耕层较深。达 20～30 厘米；④有机质含量丰富，表层有机质大于 2%。农业利用方式为一年一作。

2. 褐土性土 该亚类在沁水县分布面积最大，范围最广，面积为 434 191.53 亩，占褐土土类的 94.45%，占总耕地面积的 89.4%，是沁水县的主要农业土壤。根据其母质、层次的不同，划分为 4 个土属、8 个土种。

（1）沙泥质褐土性土：该土属分为 3 个土种：

①薄沙泥质立黄土（薄层少砾砂页岩质山地褐土）：该土种面积为 123 987.13 亩，占总耕地面积的 25.53%。本县除苏庄、下川外，各乡（镇）多少不等均有分布。土层较薄，通体中壤，结构紧实，成片状和碎块状，石灰反应强烈。表层有机质含量大于 1%，pH 大于 8，呈碱性反应。农业利用方式为牧坡，自然植被以灌草类为主，由于植被覆盖度较低，缓坡应改良牧草，控制载畜量，防止超载放牧，采用固土保水措施，防止水土流失。

②沙泥质立黄土（厚层少砾砂页岩质山地褐土）：该土种面积为 72 085.68 亩，占总耕地面积的 14.84%。在本县除中村镇外，各乡（镇）均有分布，农业利用方式为牧坡，土体厚度大于 50 厘米，表层姜石含量为 5%～20%，通体石灰反应强烈，有机质含量为 0.62%～1%，pH 大于等于 8，呈微碱性反应。

③耕沙泥质立黄土（耕种沙壤中层少砾砂页岩质山地褐土、耕种中壤厚层砂页岩质山地褐土、耕种中壤厚层少砾砂页岩质山地褐土）：该土种面积为 3 410.59 亩，占总耕地面积的 0.7%。主要分布在龙港、中村、土沃、樊村河、柿庄、固县、十里等乡（镇）个别行政村的耕地上，土层较厚，一般为 30～150 厘米，质地轻壤至中壤，间有少量砾石或灰渣，pH 为 8 左右，呈微碱性，种植作物主要为玉米。今后在改良利用上依据土层厚度，若小于 50 厘米，可退耕还果还牧还林，用于中药材开发；若大于 50 厘米，应做好修边垒堾、平田整地工作，防旱保墒，用养结合，继续种植农作物，加大秸秆还田力度，增施有机肥，做到科学施肥，逐步培肥土壤，将低产田变成中产田，中产田变成高产田。

（2）黄土质褐土性土：本土属分为 2 个土种。

①耕立黄土（耕种中壤黄土质褐土性土、耕种中壤厚层黄土质山地褐土）：该土种面积为 110 979.97 亩，占总耕地面积的 22.85%。分布在本县除东峪、下川、杏峪外大部分乡（镇）的二级、三级残存阶地及丘陵和边山残丘耕地上，暖区、温区可一年两作或两年三作，凉区一年一作，土层深厚，质地通体中壤，耕层疏松，心土层以下有假菌丝体出现，通体有强烈的石灰反应，耕层有机质含量为 1.02%～1.3%，pH 为 8.1，偏碱性。应采取深翻和秸秆还田、增施农家肥等措施，改良土壤，增加耕层土壤有机质含量，促进作物生长。

②立黄土（厚层黄土质山地褐土）：该土种面积为 3 410.59 亩，占总耕地面积的 0.7%。分布在端氏、苏庄、柿庄等乡（镇）的低山地带，自然植被为荆条、白草、锦鸡叶，属未利用荒坡，本土种性状垂直节理发育，质地松散，易溶失，改良方向以固土抗蚀为主，加强牧草改良，栽桑栽果或还林植树，增加植被覆盖度。

（3）红黄土质褐土性土：该土属分为 2 个土种。

①耕红立黄土（耕种中壤厚层红黄土质山地褐土、耕种重壤中层红黄土质山地褐土、耕种重壤厚层红黄土质山地褐土、耕种重壤红黄土质褐土性土）：该土种面积为 38 386.02 亩，占总耕地面积的 7.91%。其中耕种重壤中层红黄土质山地褐土面积为 5 331.5 亩，分布在下川、东峪外的大部分乡（镇）的丘陵地貌上和山坡中下部农用耕地上，农业利用方式一年一作，为本县中上等水平耕地，土体深厚，耕作精细、耕性较好，质地偏黏的地块应采取客土掺沙和深翻的方法加以改良，并防止水土流失，通过秸秆还田、增施农家肥和复合肥等措施培肥地力，提高单位面积产量。

在郑村、端氏、加丰、胡底（樊庄）、十里（东峪）和张村 6 个乡（镇）的部分行政村的边山残丘及坡耕地上也有分布，属中下等水平耕地，耕作粗放，通气透水性差，应采取深翻改土，改善土壤水、肥、气、热状况，增施热性农家肥。

②二合红立黄土（耕种重壤深位薄料姜红黄土质山地褐土）：该土种面积为 90 266.73 亩，占总耕地面积的 18.59%。在本县仅在樊村河乡部分行政村有零星分布。耕性极差，具有以下特征特性：一是土体深厚，上紧下松，结构不良；二是心土层以下有 7～10 厘米厚的料姜层，通体石灰反应强烈；三是耕层有机质含量为 0.37%，pH 为 8，呈微碱性。改良利用方向应深耕改土，清除料姜层，增施农家肥和复合肥，实行粮草轮作制度，退耕还果还草。

③红立黄土（中层红黄土质山地褐土、厚层红黄土质山地褐土、厚层少料姜红黄土质山地褐土）：该土种面积为 10.02 亩，主要分布在各乡（镇）的低山地带，与部分行政村的山地及荒坡上。农业利用方式多为人工林地或牧坡，自然植被为白草、油松、荆条等，质地中至重壤，抗蚀性较差，应营林种草，改良牧草植被。

（4）沟淤褐土性土：该土种为沟淤土（耕种轻壤厚层沟淤山地褐土、耕种中壤中层沟淤山地褐土、耕种中壤沟淤褐土性土）。

该土种面积为 7 255.54 亩，占总耕地面积的 1.5%。主要分布于龙港、土沃、苏庄、胡底、十里等个别行政村的沟谷阶地与人造滩地，是经人为拦洪作用淤积而成的耕种土壤，是本县中上等水平的耕种土壤。存在问题是土壤速效养分含量一般，应加强沿河工程防护、搞好水土保持，注重用养结合，通过增施有机肥和秸秆还田，不断培肥地力，提高作物产量。

（5）灰泥质褐土性土：该土种为砾灰泥质立黄土（薄层少砾石灰岩质山地褐土）。

该土种面积为 846.78 亩，分布在中村、土沃、张村等乡（镇）部分坡地。土层较薄，不达 50 厘米。质地黏重，表层有机质含量大于 3%。pH 为大于 7.5，呈微碱性。今后改良方向应以生物措施和工程措施相结合。

3. 典型褐土 该亚类只有 1 个土属为黄土质褐土性土，1 个土种为深黏绵垆土（耕种中壤黄土状碳酸盐褐土、耕种重壤红黄土状碳酸盐褐土）。

该土种面积为 8 183.25 亩，占总耕地面积的 1.69%。主要分布于郑庄、加丰等乡（镇）的河谷地带的二级阶地和残存的三级阶地上，东峪盆地也有少量分布，海拔高度为 700～1 300 米之间。由于其所处地形部位趋于平坦，土体中具有良好的褐色黏化层和明显的钙化层，现多为耕地，腐殖质层不明显。土体较厚，大于 150 厘米，土壤熟化程度高，质地轻至中壤，有机质含量较高，表土为耕层，成屑粒状结构，心土有褐色和棕色黏化层，呈块状和棱块状结构，结构上面伴有白色钙积物，通体石灰反应强烈，是本县农业主要土壤，属中上等耕地，要利用现有的水利设施，扩大水浇地面积，利用农机具深翻改良，增施有机肥，加厚活土层。

4. 石灰质褐土　该亚类只有 1 个土属为黄土质石灰性褐土，1 个土种为深黏黄垆土（中层少砾石灰岩质山地褐土）。

该土种面积为 10.57 亩，占总耕地面积的 0.002%。主要分布在柿庄镇团里村。通体重壤，石灰反应强烈，表层有机质含量大于 3%。pH 为大于 7.5，呈微碱性。今后改良方向应以生物措施和工程措施相结合，植树种草、拦洪固土、保持自然生态平衡。

（二）粗骨土

该土类在本县只有 1 个亚类 "钙质粗骨土"，1 个土属 "灰泥质钙质粗骨土"，1 个土种 "薄灰渣土"（薄层砂页岩山地粗骨性褐土）。

该土种面积为 1 852.64 亩，占总耕地面积的 0.38%。分布在土沃乡和中村镇的向阳村，龙港、端氏、固县的山脊、山梁和陡坡处也有零星分布。这是一种受严重侵蚀的土壤，表土层基本被冲刷剥蚀，只有薄薄一层半风化物，能够零星长一些耐旱性灌木丛和白草等野生植物。因此，本土种应在加强工程治理的同时，尽可能地种草种树，增加自然植被覆盖度，保土蓄水加速表土熟化。

（三）潮土

潮土是指地下水直接参与成土过程，而地表有机质积累少，因而形成颜色较浅的土壤。主要分布在龙港、郑庄、端氏、樊村河、苏庄、加丰、柿庄、固县、十里等乡（镇）沿河两岸一级阶地和滩地，地下水位为 1～2.5 米，海拔高度随河床降比度的不同从 600～1 300 米均有分布。该土类是沁水县河谷地带特定的地形和水文条件综合作用下形成的区域性土壤，在沁水县只有 1 个亚类，即典型潮土。

该亚类面积为 9 304.47 亩，占总耕地面积的 1.91%。是沁水县川谷地带特定环境下发育的自然土壤和主要的耕种土壤，根据其层次，质地和砾石含量的不同可分为 3 个土属，4 个土种。

（1）洪积潮土；该土属分 2 个土种。

①洪潮土（耕种轻壤体沙砾浅色草甸土、耕种中壤夹沙砾浅色草甸土）：该土种面积为（4 877.83）亩，占总耕地面积的 1.01%。分布在龙港、郑庄、端氏、加丰等乡（镇）沿河行政村的河漫滩上，是一种隐域性自然土壤，由近代河流冲击、洪积物发育而成，经人工作用成为耕地，耕性极差，肥力较低，应以清除砾石层和客土堆垫掺黏的办法，改良土壤结构，同时深耕和增施有机肥，增加有机质含量，加厚活土层，促进作物生长。

②底黏洪潮土（耕种轻壤体黏浅色草甸土）：该土种面积为 1 122.61 亩，占总耕地面积的 0.23%。分布在加丰镇李庄滩一带的耕地上，由于耕作精细，土壤肥力较高，加之气候因素好，表层有机质易分解，属上等耕地。土体深厚，耕层轻壤，以下中至重壤，心土层以下出现锈纹锈斑，有中度石灰反应，可通过测土配方施肥达到节本增收之目的。

（2）堆垫潮土：本土属只有 1 个土种；底砾堆垫潮土（耕种轻壤底砾堆垫浅色草甸土、耕种中壤体沙砾堆垫浅色草甸土、耕种重壤底沙砾堆垫浅色草甸土）。

该土种面积为 434.48 亩，占总耕地面积的 0.08%。是分布在河漫滩上由人为作用堆垫的耕地，耕性较好，适应多种农作物生长，应采取客土掺黏和加厚活土层等措施，改良土壤结构，同时增施有机肥，不断培肥地力，在作物生长期间补给速效养分，以达到稳产高产。

（3）湖积潮土：该土属只有 1 个土种：堆垫潮土（耕种中壤底沙砾浅色草甸土）。

该土种面积为 2 869.55 亩，占总耕地面积的 0.59%。分布在龙港、端氏、郑庄、柿庄等乡（镇）的部分滩地上，耕性良好，土壤肥力较高，属中上等水平耕地。本土种有以下特征特性：一是土层较厚，表层质地中壤，以下为沙质轻壤，底土层出现锈纹锈斑。通体有弱石灰反应；二是耕层有机质含量为 1.29%，pH 为大于 8，偏碱性。本土种应深翻改土，上下土层掺和，种植绿肥，增施有机肥，引水灌溉，增加单位面积产量。

（四）红黏土

该土类只有 1 个亚类为红黏土，1 个土属为红黏土，1 个土种为耕小瓣红土（耕种重壤红土质褐土性土）。

该土种面积为 2 654.47 亩，占总耕地面积的 0.55%。分布在郑村、胡底（樊庄）两乡（镇）个别边山残丘的耕地上，属中下等水平耕地，障碍因素为：①耕层太浅，仅 11 厘米，下为死土；②土壤过黏，通气透水性不良。应采取深耕加厚活土层，客土掺沙，增施灰渣和有机肥，以及大种绿肥，改善土壤性状，发挥土地潜力。

（五）石质土

本土类只有 1 个亚类"中性石质土"，1 个土属"沙泥质中性石质土"，1 个土种"沙石砾土"（中层少砾砂页岩质山地褐土）。

该土种面积为 1 805.9 亩，占总耕地面积的 0.37%。在沁水县除中村、龙港外，各乡（镇）均有分布。耕地土壤以土沃乡的上沃泉、杏则、下沃泉、西阳迪村为代表。土壤肥力较低，改良方式以培肥为主。

（六）新积土

该土类只有 1 个亚类为冲积土，1 个土属为冲积土，1 个土种为河漫土（体沙砾浅色草甸土）。

该土种面积为 10 204.46 亩，占总耕地面积的 2.1%。分布在龙港、加丰、端氏、郑村、固县等乡（镇）的沿河行政村的河漫滩上，由近代河流冲积、洪积物发育而成。土体深厚，通体含沙砾，今后应以培肥改土为主。

（七）棕壤

棕壤是地处山地高寒湿润气候和针阔叶混交林以及相应的草灌植被的生物气候条件下形成的山地土壤。

该土类在沁水县只有 1 个亚类"典型棕壤"，1 个土属"黄土质棕壤"，1 个土种"耕黄土质林土"（厚层少砾黄土质山地棕壤）。

该土种面积为 532.08 亩，占总耕地面积的 0.11%。主要分布在中村镇的上川、东川、中村村的耕地，也是本县主要森林土壤之一。海拔为 1 600～2 200 米地段内的原始森林区，以土沃乡、历山舜王坪为主，上限和山地草甸土相接，下限和山地淋溶褐土相连。其次是中村镇境内国有林场所辖海拔为 1 550～1 750 米地段内的残存林区和次生林区。自然植被主要是油松、华北落叶松、柞树、山杨等针阔叶混交林和密密匝匝的灌草植被，覆盖度高达85％以上，阳坡则达90％以上。遮天蔽日，光照不足，土地湿润，腐殖质积累丰富，侵蚀甚微，腐殖酸作用明显。但由于土体中含有大小不等的石灰岩块，所以碳酸钙含量很高。有以下特征特性：①土层以上覆盖着2～3厘米的枯枝落叶层，以下为腐殖质层；②土壤深度大于55厘米，质地中至重壤；③通体无石灰反应，土层以下为砂页岩；④表层有机质含量为5.2％，pH为小于7，呈微酸性。应采取有效措施保护森林植被，进一步提高土壤肥力，改善生态环境。

第二节 有机质及大量元素

土壤大量元素背景值的表达方式以各统计单元养分汇总结果的算术平均值和标准差来表示，分别以单体N、P、K表示。表示单位：有机质、全氮用克/千克表示，有效磷、速效钾、缓效钾用毫克/千克表示。

一、含量与分布

土壤有机质、全氮、有效磷、速效钾等以《山西省耕地土壤养分含量分级参数表》为标准各分6个级别，见表3-2。

表3-2 山西省耕地地力土壤养分耕地标准

级 别	I	II	III	IV	V	VI
有机质（克/千克）	>25.00	20.01～25.00	15.01～20.00	10.01～15.00	5.01～10.00	≤5.00
全氮（克/千克）	>1.50	1.201～1.50	1.001～1.200	0.701～1.000	0.501～0.700	≤0.50
有效磷（毫克/千克）	>25.00	20.01～25.00	15.10～20.00	10.10～15.00	5.10～10.00	≤5.00
速效钾（毫克/千克）	>250.00	201.00～250.00	151.00～200.00	101.00～150.00	51.00～100.00	≤50.00
缓效钾（毫克/千克）	>1 200.00	901.00～1 200.00	601.00～900.00	351.00～600.00	151.00～350.00	≤150.00
阳离子代换量（厘摩尔/千克）	>20.00	15.01～20.00	12.01～15.00	10.01～12.00	8.01～10.00	≤8.00
有效铜（毫克/千克）	>2.00	1.51～2.00	1.01～1.51	0.51～1.00	0.21～0.50	≤0.20
有效锰（毫克/千克）	>30.00	20.01～30.00	15.01～20.00	5.01～15.00	1.01～5.00	≤1.00
有效锌（毫克/千克）	>3.00	1.51～3.00	1.01～1.50	0.51～1.00	0.31～0.50	≤0.30
有效铁（毫克/千克）	>20.00	15.01～20.00	10.01～15.00	5.01～10.00	2.51～5.00	≤2.50
有效硼（毫克/千克）	>2.00	1.51～2.00	1.01～1.50	0.51～1.00	0.21～0.50	≤0.20
有效钼（毫克/千克）	>0.30	0.26～0.30	0.21～0.25	0.16～0.20	0.11～0.15	≤0.10
有效硫（毫克/千克）	>200.00	100.10～200.00	50.10～100.00	25.10～50.00	12.10～25.00	≤12.00
有效硅（毫克/千克）	>250.0	200.10～250.00	150.1～200.00	100.1～150.00	50.10～100.00	≤50.00
交换性钙（克/千克）	>15.00	10.01～15.00	5.01～10.0	1.01～5.00	0.51～1.00	≤0.50
交换性镁（克/千克）	>1.00	0.76～1.00	0.51～0.75	0.31～0.50	0.06～0.30	≤0.05

（一）有机质

沁水县采集化验 3 600 个大田样点，监测结果表明，全县耕地土壤有机质含量变化为8～40 克/千克，平均值为 23.49 克/千克，属二级水平。见表 3-3。

（1）不同行政区域：郑村镇平均值最高，为 31.48 克/千克；依次为中村镇平均值28.58 克/千克，十里乡平均值 23.87 克/千克，土沃乡平均值 22.48 克/千克，樊村河乡平均值 20.65 克/千克，龙港镇平均值 19.86 克/千克，张村乡平均值为 19.58 克/千克，郑庄镇平均值为 19.57 克/千克，端氏镇平均值为 17.96 克/千克，柿庄镇平均值为 17.90克/千克，胡底乡平均值为 17.09 克/千克，加丰镇平均值为 16.21 克/千克，固县乡平均值为 16.05 克/千克；最低是苏庄乡，平均值为 16.00 克/千克。

（2）不同地形部位：低山丘陵坡地平均值最高，为 19.42 克/千克；依次为丘陵低山中、下部及坡麓平坦地平均值 18.27 克/千克，沟谷地平均值 18.15 克/千克，黄土垣、梁平均值 17.72 克/千克，山地、丘陵（中、下）部的缓坡地段平均值 17.59 克/千克，河流宽谷阶地平均值 17.24 克/千克；最低是河流一级、二级阶地平均值 14.26 克/千克。

（3）不同母质：黄土母质平均值最高，为 18.78 克/千克；其次是红土母质平均值17.56 克/千克；最低是洪积物，平均值为 16.5 克/千克。

（4）不同土壤类型：棕壤最高，平均值为 26.71 克/千克，依次为粗骨土平均值25.56 克/千克，石质土平均值 20.39 克/千克，红黏土平均值 18.53 克/千克，褐土平均值 18.26 克/千克，新积土平均值 16.73 克/千克；最低是潮土，平均值为 14.98 克/千克。

（二）全氮

沁水县土壤全氮含量变化范围为 0.5～12 克/千克，平均值为 1.6 克/千克，属一级水平。见表 3-3。

（1）不同行政区域：十里乡平均值最高，为 4.58 克/千克，其次是郑村镇，平均值均为 2.08 克/千克；最低是固县乡，平均值为 1.0 克/千克。

（2）不同地形部位：黄土垣、梁平均值最高，为 1.29 克/千克；其次是低山丘陵坡地平均值 1.2 克/千克；最低是河流一级、二级阶地，平均值为 0.95 克/千克。

（3）不同母质：黄土母质平均值最高，为 1.16 克/千克；其次是洪积物，平均值为1.08 克/千克；最低是红土母质，平均值为 1.05 克/千克。

（4）不同土壤类型：红黏土、棕壤平均值最高为 1.41 克/千克，其次是粗骨土，平均值为 1.33 克/千克，最低是潮土，平均值为 0.96 克/千克。

（三）有效磷

沁水县有效磷含量变化范围为 5～34.6 毫克/千克，平均值为 13.88 毫克/千克，属四级水平。见表 3-3。

（1）不同行政区域：十里乡平均值最高，为 23.7 毫克/千克；其次是中村镇，平均值为 15.14 毫克/千克；最低是樊村河乡，平均值为 8.39 毫克/千克。

（2）不同地形部位：黄土垣、梁平均值最高，为 17.87 毫克/千克；其次是低山丘陵坡地，平均值为 14.13 毫克/千克；最低是河流一级、二级阶地，平均值为 11.02 毫克/千克。

（3）不同母质：最高是红土母质，平均值为 14.69 毫克/千克；其次是黄土母质，平

表3-3 沁水县耕地土壤大量元素分类统计结果

类别		有机质（克/千克）		全氮（克/千克）		有效磷（毫克/千克）		速效钾（毫克/千克）		缓效钾（毫克/千克）	
		平均值	区域值	平均值	区域值	平均值	区域值	平均值	区域值	平均值	区域值
行政区域	龙港镇	19.86	8.9~32	1.19	0.5~1.8	12.65	5.4~19	155.6	117~326	784.09	640~1160
	中村镇	28.58	19.6~40	1.38	0.9~1.7	15.14	7.7~25	157.3	114~301	779.19	568~940
	郑庄镇	19.57	10~27	1.12	0.6~1.7	10.94	6~35	155.6	27~240	748.9	600~1080
	端氏镇	17.96	10~24	1.21	0.8~1.6	13.21	6~27	165.2	57~246	776.48	560~1120
	加丰镇	16.21	12~20	1.05	0.8~1.5	10.07	5.7~21	186.5	80~267	722.51	544~920
	柿庄镇	17.90	11~24	1.07	0.7~1.3	16.79	9~31	158.2	101~259	777.15	584~960
	郑村镇	31.48	13~25	2.08	1~2.1	13.33	7~34	144.9	27~201	742.8	660~899
	张村乡	19.58	13~25	1.19	0.9~1.7	11.24	7~15	152.8	127~201	723.9	620~880
	土沃乡	22.48	16~30	1.22	0.9~1.6	10.81	5.7~20	168.0	117~214	775.68	592~940
	樊村河乡	20.65	14~32	1.05	0.8~1.3	8.39	5~15	136.0	110~227	812.93	740~1020
	苏庄乡	16.00	12~21	1.03	0.8~1.3	10.46	6~17.7	174.3	107~292	874.24	700~1040
	胡底乡	17.09	12.6~21	1.07	0.6~1.4	10.07	6.4~18	142.6	114~214	695.7	520~860
	十里乡	23.87	14~37	4.58	0.8~1.9	23.7	8.7~32	106.2	15~220	789.21	640~1199
	固县乡	16.05	12.6~21	1.0	0.8~1.4	14.99	7.4~30	142.0	104~201	723.35	536~860
土壤类型	潮土 Na	14.98	10.6~20	0.96	0.6~1.13	11.61	7.4~22	166.28	96~179	720.68	259~960
	粗骨土 Bc	25.56	21~29.4	1.33	1.1~1.5	10.21	8~13.4	192.51	136~201	791.37	660~860
	褐土 Bb	18.26	14.3~30	1.14	0.8~1.6	13.03	9.5~24	163.58	50~211	788.8	643~915
	红黏土	18.53	14.9~22	1.41	1.09~1.7	18.92	9.4~26	96.79	45~214	796.7	520~899
	石质土 Nb	20.39	16.9~27	1.04	0.9~1.2	15.46	8~20	160.94	130~201	778.4	640~840
	新积土	16.73	11~26	1.08	0.7~1.7	14.03	7~30	144.31	45~201	752.3	536~920
	棕壤	26.71	26~27	1.41	1.4~1.42	10.28	9.4~12	201	201	748.5	720~780

（续）

类 别		有机质（克/千克）		全氮（克/千克）		有效磷（毫克/千克）		速效钾（毫克/千克）		缓效钾（毫克/千克）	
		平均值	区域值	平均值	区域值	平均值	区域值	平均值	区域值	平均值	区域值
地形部位	河流一级、二级阶地 030	14.26	10~28	0.95	0.8~1.3	11.02	7.4~30	179.2	96~179	765.62	643~915
	低山丘陵坡地 014	19.42	11~26	1.2	0.8~1.3	14.13	7.4~22	154.77	136~201	770.8	520~899
	沟谷地 022	18.15	15~29	1.14	0.98~1.8	12.96	6~19	159.57	114~213	785.7	570~920
	山地丘陵中、下部 047	17.59	12~30	1.09	0.9~1.2	12.27	9.4~26	176.99	130~201	808.7	259~960
	河流宽谷阶合地 029	17.24	16~21	1.09	1~1.4	13.11	16.7~22	154.8	112~210	768.7	620~825
	黄土垣、梁 039	17.72	13~27	1.29	0.85~1.3	17.87	9.4~12	112.54	107~292	795.1	640~840
	丘陵低山中、下部	18.27	12.5~25	1.1	0.8~1.1	11.73	7.4~30	176.08	114~214	804.9	536~920
土壤母质	洪积物 300	16.50	15~70	1.08	0.65~1.5	12.83	10~156.36	171.39	100~400	791.65	600~1 100
	黄土母质 400	18.78	10~60	1.16	0.5~2	12.94	10~100	160.93	100~600	780.2	700~1 190
	红土母质 500	17.56	10~60	1.05	0.65~3.68	14.69	10~60	166.35	120~500	857.5	800~1 200

均值为 12.94 毫克/千克；最低是洪积物，平均值为 12.83 毫克/千克。

（4）同土壤类型：红黏土平均值最高，为 18.92 毫克/千克；其次是石质土，平均值为 15.46 毫克/千克；最低是粗骨土，平均值为 10.21 毫克/千克。

（四）速效钾

沁水县土壤速效钾含量变化范围为 15～326 毫克/千克，平均值 151.75 毫克/千克，属三级水平。见表 3-3。

（1）不同行政区域：加丰镇最高，平均值为 186.5 毫克/千克；其次是苏庄乡，平均值为 174.3 毫克/千克；最低是樊村河乡，平均值为 136.0 毫克/千克。

（2）不同地形部位：河流一级、二级阶地平均值最高，为 179.2 毫克/千克；其次是山地丘陵中下部，平均值为 176.99 毫克/千克；最低是黄土垣、梁，平均值为 112.54 毫克/千克。

（3）不同母质：最高为洪积物，平均值为 171.39 毫克/千克；其次是红土母质，平均值为 166.35 毫克/千克；最低是黄土状母质平均值为 160.93 毫克/千克。

（4）不同土壤类型：棕壤最高，平均值为 201 毫克/千克；其次是粗骨土，平均值为 192.51 毫克/千克；最低是红黏土，平均值为 96.79 毫克/千克。

（五）缓效钾

沁水县土壤缓效钾变化范围 520～1 199 毫克/千克，平均值为 768.19 毫克/千克，属三级水平。见表 3-3。

（1）不同行政区域：苏庄乡平均值最高，为 874.24 毫克/千克；其次是樊村河乡，平均值为 812.93 毫克/千克；胡底乡最低，平均值为 695.7 毫克/千克。

（2）不同地形部位：山地丘陵中、下部最高，平均值为 808.70 毫克/千克；其次是丘陵低山中、下部及坡麓平坦地，平均值为 804.9 毫克/千克；最低是河流一级、二级阶地，平均值为 765.62 毫克/千克。

（3）不同母质：红土质最高，平均值为 857.50 毫克/千克；其次是洪积物，平均值为 791.65 毫克/千克；黄土母质最低，平均值为 780.20 毫克/千克。

（4）不同土壤类型：红黏土最高，平均值为 796.70 毫克/千克；其次是粗骨土，791.37 毫克/千克；潮土最低，平均值为 720.68 毫克/千克。

二、分级论述

（一）有机质

Ⅰ级　有机质含量为 25.0 克/千克以上，面积为 32 430.07 亩，占总耕地面积 6.67%。主要分布于中村镇、龙港镇、郑庄镇、十里乡、土沃乡、樊村河乡 6 个乡（镇），种植作物主要为小麦、玉米、马铃薯等。

Ⅱ级　有机质含量为 20.01～25.0 克/千克，面积为 81 186.33 亩，占总耕地面积的 16.71%。主要分布在除加丰镇、苏庄乡、中村镇 3 个乡（镇）外的其余 11 个乡（镇），种植小麦、玉米等作物。

Ⅲ级　有机质含量为 15.01～20.0 克/千克，面积为 254 915.9 亩，占总耕地面积的

52.49％。全县 14 个乡（镇）均有分布。在种植小麦、玉米、蔬菜、果树等作物。

Ⅳ级 有机质含量为 10.01～15.0 克/千克，面积为 117 047.3 亩，占总耕地面积的 24.09 ％。主要分布在龙港镇、郑庄镇、加丰镇、端氏镇、郑村镇、苏庄乡、胡底乡、固县乡等 8 个乡（镇），主要作物有小麦、玉米和蔬菜等作物。

Ⅴ级 有机质含量为 5.01～10.1 克/千克，面积为 189.99 亩，占总耕地面积的 0.04％。主要分布在郑庄镇的常柏村、杨树庄村、河头及端氏镇的古堆、苏庄等村，主要作物有小麦、玉米等作物。

Ⅵ级 全县无分布。

（二）全氮

Ⅰ级 全氮量大于 1.50 克/千克以上，面积为 23 112.62 亩，占总耕地面积的 4.76％。主要分布在郑庄镇、中村镇、郑村镇、土沃乡、十里乡、张村乡等 6 个乡（镇），种植作物为玉米、小麦。

Ⅱ级 全氮含量为 1.201～1.50 克/千克，面积为 149 751.3 亩，占总耕地面积的 30.82％。主要分布于除苏庄乡、胡底乡以外其余 12 个乡（镇），主要作物有小麦、玉米、果树等作物。

Ⅲ级 全氮含量为 1.001～1.20 克/千克，面积为 187 784.9 亩，占总耕地面积的 38.67％。主要分布全县 14 个乡（镇），主要作物有小麦、玉米、果树等作物。

Ⅳ级 全氮含量为 0.701～1.000 克/千克，面积为 121 942.3 亩，占总耕地面积的 25.10％。主要分布郑庄镇、端氏镇、柿庄镇、苏庄乡、固县乡，加丰镇、龙港镇、樊村河乡也有零星分布，主要作物有小麦、玉米、果树等作物。

Ⅴ级 全氮含量为 0.501～0.70 克/千克，面积为 3 178.58 亩，占总耕地面积的 0.66％。主要分布在郑庄镇的河头、郑庄、常柏、杨树庄等村，作物有玉米、小麦等。

Ⅵ级 全县无分布。

沁水县耕地土壤大量元素分级面积见表 3 - 4。

表 3 - 4 沁水县耕地土壤大量元素分级面积　　　　　单位：万亩

类别		Ⅰ		Ⅱ		Ⅲ		Ⅳ		Ⅴ		Ⅵ	
		百分比（%）	面积	百分比（%）	面积	百分比（%）	面积	百分比（%）	面积	百分比（%）	面积	百分比（%）	面积
耕地土壤	有机质	6.67	3.243 0	16.71	8.118 6	52.49	25.491 5	24.09	11.704 7	0.04	0.018 9	0	0
	全氮	4.76	2.311 2	30.82	14.975 1	38.67	18.778 4	25.1	12.194 2	0.66	0.317 8	0	0
	有效磷	2.5	1.228 5	8.4	4.078 8	17.95	8.720 0	41.4	20.113 3	29.73	14.436 2	0	0
	速效钾	0.61	0.295 8	48.92	23.760 0	5.5	2.659 2	32.4	15.738 6	10.53	5.113 0	2.08	1.009 8
	缓效钾	0	0	7.5	3.645 1	91.49	44.439 5	1.01	0.492 3	0	0	0	0

（三）有效磷

Ⅰ级 有效磷含量大于 25.00 毫克/千克，面积为 12 285.12 亩，占总耕地面积的 2.5％。主要分布十里乡、郑村镇的夏河村、赵庄村，柿庄镇的下泊村、大端村、郑庄镇的中乡村、固县乡的安上村也有零星分布。主要作物有玉米、小麦等。

Ⅱ级 有效磷含量为 20.1～25.00 毫克/千克，面积为 40 788.04 亩，占总耕地面积的 8.4%。主要分布在十里乡、柿庄镇、郑庄镇、郑村镇 4 个乡（镇），固县的安上村有零星分布，作物有小麦、玉米、果树等。

Ⅲ级　有效磷含量为 15.1～20.1 毫克/千克，面积为 87 200.05 亩，占总耕地面积的 17.95%。主要分布在十里乡、柿庄镇、固县乡、中村镇、郑村镇、端氏镇 6 个乡（镇），郑庄镇、龙港镇有零星分布，主要作物有小麦、玉米、果树、蔬菜等。

Ⅳ级　有效磷含量为 10.1～15.0 毫克/千克，面积为 201 133.8 亩，占总耕地面积的 41.4%。主要分布全县 14 个乡（镇），作物有玉米、小麦、蔬菜等。

Ⅴ级　有效磷含量为 5.1～10.0 毫克/千克，面积为 144 362.6 亩，占总耕地面积的 29.73%。其主要分布在除郑庄镇、柿庄镇 2 个乡（镇）外其余 12 个乡（镇）主要作物为玉米、小麦、蔬菜和果树等。

Ⅵ级　全县无分布。

（四）速效钾

Ⅰ级　速效钾含量大于 250 毫克/千克，面积为 2 958.02 亩，占总耕地面积的 0.61%。主要分布在加丰镇的永安村、五里庙村和中村镇的上阁村及苏庄乡苏庄村，种植作物主要为玉米。

Ⅱ级　速效钾含量为 201～250 毫克/千克，面积为 237 603.2 亩，占总耕地面积的 48.92%。全县 14 个乡（镇）均有分布，作物有小麦、玉米等。

Ⅲ级　速效钾含量为 151～200 毫克/千克，面积为 26 592.56 亩，占总耕地面积的 5.5%。主要分布在十里乡、柿庄镇、郑庄镇、端氏镇部分村，龙港镇、土沃乡有少量分布，作物有小麦、玉米、蔬菜、果树。

Ⅳ级　速效钾含量为 101～150 毫克/千克，面积为 157 386.4 亩，占总耕地面积的 32.4%。全县 14 个乡（镇）均有颁布，作物有小麦、玉米果树、蔬菜等。

Ⅴ级　速效钾含量为 51～100 毫克/千克，面积为 51 130.71 亩，占总耕地面积的 10.53%。主要分布在郑村镇、十里乡 2 个乡（镇），郑庄镇中乡村有少部分分布，作物以玉米、小麦为主。

Ⅵ级　速效钾含量小于 50 毫克/千克，面积为 10 098.71 亩，占总耕地面积的 2.08%。分布以十里乡、柿庄镇为主，植作物为玉米。

（五）缓效钾

Ⅰ级　全县无分布。

Ⅱ级　缓效钾含量为 901～1 200 毫克/千克，面积为 36 451 亩，占总耕地面积的 7.5%。主要分布在十里乡及端氏镇的必底片，郑庄镇、龙港镇、苏庄乡、樊村河乡有零星分布，作物有玉米、小麦。

Ⅲ级　缓效钾含量为 601～900 毫克/千克，面积为 444 395.4 亩，占总耕地面积的 91.49%。广泛分布全县 14 个乡（镇），作物有小麦、玉米等。

Ⅳ级　缓效钾含量为 351～600 毫克/千克，面积为 4 923.22 亩，占总耕地面积的 1.01%。主要分布在柿庄镇、加丰镇、固县乡、胡底乡 4 个乡（镇），中村镇白桦村有少量分布，作物有玉米、小麦、果树等。

Ⅴ级　全县无分布。

Ⅵ级　全县无分布。

沁水县耕地土壤大量元素分级面积见表3-4。

第三节　中量元素

中量元素背景值的表达方式以各统计单元养分汇总结果的算术平均值和标准差来表示。以单位体 S 表示，表示单位：用毫克/千克来表示。

由于有效硫目前全国范围内仅有酸性土壤临界值，而全县土壤属石灰性土壤，没有临界值标准。因而只能根据养分分量的具体情况进行级别划分，分6个级别，见表3-5。

一、含量与分布

有效硫

沁水县土壤有效硫变化范围为16～133毫克/千克，平均值为39.33毫克/千克，属四级水平。见表3-5。

（1）不同行政区域：固县乡最高，平均值为58.20毫克/千克；其次是樊村河乡，平均值为54.20毫克/千克；最低是苏庄乡，平均值为25.52毫克/千克。

（2）不同地形部位：河流宽谷阶地最高，平均值为41.04毫克/千克；其次是低山丘陵坡地，平均值为40.44毫克/千克；最低是河流一级、二级阶地，平均值为31.63毫克/千克。

（3）不同母质：洪积物最高，平均值为44.33毫克/千克；其次是红土母质，平均值为44.32毫克/千克；黄土母质最低，平均值均为37.57毫克/千克。

（4）不同土壤类型：石质土最高，平均值为56.29毫克/千克；其次是粗骨土，平均值为43.78毫克/千克；最低是红黏土，平均值为28.74毫克/千克。

二、分级论述

有效硫

Ⅰ级　全县无分布。

Ⅱ级　有效硫含量为100.1～200.0毫克/千克，面积为518.22亩，占总耕地面积的0.106 8％。主要分布在端氏镇的必底、秦庄和樊村河乡的下峰等村，作物以玉米为主。

Ⅲ级　有效硫含量为50.1～100毫克/千克，面积为86 431.46亩，占总耕地面积的17.82％。分布在端氏、固县、柿庄、中村、龙港、土沃、樊村河、张村等乡（镇）及郑庄镇的杨家河、十里乡的田家等村。作物为小麦、玉米、果树等。

Ⅳ级　有效硫含量为25.1～50毫克/千克，面积为349 576.8亩，占总耕地面积的72.08％。分布在全县各乡（镇），作物为小麦、玉米。

Ⅴ级　有效硫含量为12.1～25.0毫克/千克，面积为49 243.12亩，占总耕地面积的10.15％。分布在全县各乡（镇），作物为小麦、玉米、蔬菜、果树。

Ⅵ级　有效硫含量小于等于12.0毫克/千克，全县无分布。

沁水县耕地土壤中量元素分级面积见表3-6。

表3-5　沁水县耕地土壤中量元素分类统计结果

单位：毫克/千克

类　　别			有效硫	
			平均值	区域值
行政区域		龙港镇	33.91	16～71
		中村镇	49.92	36～74
		郑庄镇	33.62	18～64
		端氏镇	43.83	25～133
		嘉峰镇	33.51	17～57
		郑村镇	29.21	18～41
		柿庄镇	45.95	33～67
		樊村河乡	54.20	30～119
		土沃乡	45.86	26～74
		张村乡	45.96	36～91
		苏庄乡	25.52	17～42
		胡底乡	37.65	22～74
		固县乡	58.20	30～74
		十里乡	33.61	18～77
地形部位		低山丘陵坡地	40.44	17～133
		沟谷地	38.39	18～84
		河流宽谷阶地	41.04	16～122
		河流一级、二级阶地	31.63	22～39
		黄土垣、梁	34.99	20～61
		丘陵低山中、下部及坡麓平坦地	39.27	17～133
		山地、丘陵（中、下）部的缓坡地段、地面有一定的坡度	38.73	17～131
土壤类型		褐土	39.15	17～67
		粗骨土	43.78	40～54
		红黏土	28.74	16～133
		潮土	41.73	23～32
		石质土	56.29	41～74
		新积土	42.88	22～81
		棕壤	40.87	19～131
土壤母质		洪积物	44.33	18～133
		黄土母质	37.57	16～119
		红土母质	44.32	18～107

表 3 - 6   沁水县耕地土壤中量元素分级面积

单位：万亩

类 别		I		II		III		IV		V		VI	
		百分比（%）	面积	百分比（%）	面积	百分比（%）	面积	百分比（%）	面积	百分比（%）	面积	百分比（%）	面积
耕地土壤	有效硫	0	0	0.108 6	0.051 8	17.82	8.643 1	72.08	34.957 6	10.15	4.924 3	0	0

第四节　微量元素

土壤微量元素背景值的表达方式以各统计单元养分汇总结果的算术平均值和标准差来表示，分别以单体 Cu、Zn、Mn、Fe、B 表示。表示单位为毫克/千克。

土壤微量元素参照全省第二次土壤普查的标准，结合本县土壤养分含量状况重新进行划分，各分 6 个级别，见表 3 - 7。

一、含量与分布

（一）有效铜

沁水县土壤有效铜含量变化范围为 0.36～2.87 毫克/千克，平均值 1.09 毫克/千克，属三级水平。见表 3 - 7。

（1）不同行政区域：嘉峰镇平均值最高，为 1.42 毫克/千克；其次是龙港镇，平均值为 1.34 毫克/千克；张村乡最低，平均值为 0.65 毫克/千克。

（2）不同地形部位：河流一级、二级阶地最高，平均值为 1.54 毫克/千克；其次是低山丘陵坡地，平均值为 1.10 毫克/千克；最低是黄土垣、梁，平均值为 0.93 毫克/千克。

（3）不同母质：洪积物最高，平均值为 1.16 毫克/千克；其次是黄土母质，平均值为 1.09 毫克/千克；最低是红土母质，平均值为 0.85 毫克/千克。

（4）不同土壤类型：红黏土最高，平均值为 1.27 毫克/千克；其次是棕壤，平均值为 1.21 毫克/千克；最低是粗骨土，平均值为 0.84 毫克/千克。

（二）有效锌

沁水县土壤有效锌含量变化范围为 0.54～4.22 毫克/千克，平均值为 1.39 毫克/千克，属三级水平。见表 3 - 7。

（1）不同行政区域：土沃乡平均值最高，为 1.86 毫克/千克；其次是中村镇，平均值为 1.80 毫克/千克；最低是樊村河乡，平均值为 0.91 毫克/千克。

（2）不同地形部位：河流一级、二级阶地最高，为 1.68 毫克/千克；其次是低山丘陵坡地、河流宽谷阶地，平均值为 1.43 毫克/千克；最低是山地、丘陵（中、下）部的缓坡地段、地面有一定的坡度，平均值为 1.31 毫克/千克。

（3）不同母质：黄土母质平均值最高，为 1.41 毫克/千克；其次是红土母质，平均值为 1.34 毫克/千克；最低是洪积物，平均值为 1.33 毫克/千克。

（4）不同土壤类型：石质土最高，平均值为 2.13 毫克/千克；其次是粗骨土，平均值为 1.84 毫克/千克；最低是棕壤，平均值为 1.26 毫克/千克。

（三）有效锰

沁水县土壤有效锰含量变化范围为 2.77～47.13 毫克/千克，平均值为 8.43 毫克/千克，属四级水平。见表 3-7。

（1）不同行政区域：嘉峰镇平均值最高，为 13.23 毫克/千克；其次是龙港镇，平均值为 12.46 毫克/千克；最低是柿庄镇，平均值为 5.12 毫克/千克。

（2）不同地形部位：河流一级、二级阶地最高，平均值为 10.27 毫克/千克；其次是河流宽谷阶地，平均值为 8.74 毫克/千克；最低是黄土垣、梁，平均值为 6.45 毫克/千克。

（3）不同母质，黄土母质最高，平均值 8.66 毫克/千克；其次是洪积物，平均值为 8.34 毫克/千克；最低是红土母质，平均值为 6.04 毫克/千克。

（4）不同土壤类型：红黏土最高，平均值为 12.9 毫克/千克；其次是棕壤，平均值为 10.6 毫克/千克；最低是粗骨土，平均值为 7.09 毫克/千克。

（四）有效铁

沁水县土壤有效铁含量变化范围为 2.45～24.11 毫克/千克，平均值为 6.38 毫克/千克，属四级水平。见表 3-7。

（1）不同行政区域：中村镇平均值最高，为 9.38 毫克/千克；其次是龙港镇，平均值为 8.96 毫克/千克；最低是张村乡，平均值为 4.04 毫克/千克。

（2）不同地形部位：河流一级、二级阶地最高，平均值为 6.95 毫克/千克；其次是低山丘陵坡地，平均值为 6.53 毫克/千克；最低是黄土垣、梁，平均值为 5.66 毫克/千克。

（3）不同母质：黄土母质最高，平均值为 6.61 毫克/千克；其次是洪积物，平均值为 5.91 毫克/千克；最低是红土母质，平均值为 5.15 毫克/千克。

（4）不同土壤类型：石质土最高，平均值为 10.16 毫克/千克；其次是粗骨土，平均值为 9.55 毫克/千克；潮土最低，平均值为 5.88 毫克/千克。

（五）有效硼

沁水县土壤有效硼含量变化范围为 0.06～1.24 毫克/千克，平均值为 0.42 毫克/千克，属五级水平。见表 3-7。

（1）不同行政区域：中村镇平均值最高，为 0.58 毫克/千克；其次是柿庄镇、十里乡，平均值为 0.56 毫克/千克；最低是张村乡，平均值为 0.22 毫克/千克。

（2）不同地形部位：黄土垣、梁平均值最高，为 0.51 毫克/千克；其次是低山丘陵坡地，平均值为 0.44 毫克/千克；最低是河流一级、二级阶地，平均值为 0.36 毫克/千克。

（3）不同母质：红土母质最高，平均值为 0.48 毫克/千克；其次是洪积物，平均值为 0.43 毫克/千克；最低是黄土母质，平均值为 0.42 毫克/千克。

（4）不同土壤类型：石质土最高，平均值为 0.53 毫克/千克；其次是粗骨土，平均值为 0.47 毫克/千克；最低是红黏土，平均值为 0.36 毫克/千克。

表 3-7 沁水县耕地土壤微量元素分类统计结果

单位：毫克/千克

类　别		有效铜		有效锰		有效锌		有效铁		有效硼	
		平均值	区域值	平均值	区域值	平均值	区域值	平均值	区域值	平均值	区域值
行政区域	龙港镇	1.34	0.67～2.52	12.46	3～48	1.45	0.73～3.23	8.96	3.8～23.8	0.35	0.18～0.84
	中村镇	0.94	0.46～1.21	6.68	3～13	1.80	1.11～3	9.38	5.3～16.4	0.58	0.3～0.84
	郑庄镇	1.20	0.46～2.19	7.81	3～14	1.37	0.73～2.81	5.80	2.6～16.4	0.37	0.22～0.5
	端氏镇	1.33	0.42～2.61	9.46	2～15	1.34	0.9～3.12	6.35	3.1～12	0.39	0.26～0.58
	嘉峰镇	1.42	1.04～2.87	13.23	7～18	1.67	0.8～2.71	6.01	3.5～7.7	0.39	0.22～0.61
	郑村镇	1.24	1～1.37	11.91	9～14	1.40	1～2.11	5.65	4～7.4	0.37	0.32～0.43
	柿庄镇	0.96	0.43～2.44	5.12	3～11	1.13	0.54～2.31	5.34	4～8.1	0.56	0.26～1.06
	樊村河乡	0.66	0.5～1.05	5.77	4～9	0.91	0.6～1.24	5.34	3.5～10	0.38	0.24～0.51
	土沃乡	0.91	0.67～1.68	6.73	2～15	1.86	1.2～3.56	8.89	4.1～24.2	0.42	0.17～0.71
	张村乡	0.65	0.5～1.05	5.56	4～14	1.63	1.14～2.31	4.04	3～8.7	0.22	0.06～0.41
	苏庄乡	1.33	1.04～1.68	9.25	5～12	0.92	0.7～1.34	6.91	4.8～10	0.40	0.32～0.55
	胡底乡	1.02	0.39～1.5	9.98	2～22	1.06	0.8～1.61	5.39	2.4～9.1	0.40	0.22～0.58
	固县乡	0.72	0.51～1.34	5.51	3～15	1.28	0.8～1.71	4.46	3.5～6.4	0.55	0.34～1.04
	十里乡	0.75	0.36～1.97	5.18	3～18	1.38	0.67～4.22	5.10	3.6～10.7	0.56	0.16～1.24
地形部位	低山丘陵坡地	1.10	0.39～2.61	8.58	2～27	1.43	0.64～3.12	6.53	3～15.7	0.44	0.11～1.24
	沟谷地	1.06	0.5～1.97	7.15	3～14	1.33	0.6～4.22	6.24	3.1～16.4	0.43	0.2～1.04
	河流宽谷阶地	1.07	0.41～2.53	8.74	2～48	1.43	0.64～3.12	6.24	2.8～23.8	0.42	0.07～1.06
	河流一级、二级阶地	1.54	0.8～2.19	10.27	6～14	1.68	1.07～2.41	6.95	4.5～12.1	0.36	0.26～0.5
	黄土垣、梁	0.93	0.36～2.61	6.54	3～15	1.33	0.67～3.34	5.66	3.6～8.7	0.51	0.24～1.22
	丘陵低山中、下部及坡麓平坦地	1.08	0.39～2.87	8.63	2～48	1.38	0.54～3.56	6.50	2.4～24.2	0.40	0.06～1.2
	山地、丘陵（中、下）部的缓坡地段、地面有一定的坡度	1.09	0.42～2.61	8.40	2～46	1.31	0.6～3.67	6.12	2.6～20	0.43	0.09～1
土壤母质	洪积物	1.16	0.51～2.61	8.34	3～23	1.33	0.8～3.12	5.91	3.2～12.4	0.43	0.24～1.24
	黄土母质	1.09	0.36～2.87	8.66	2～48	1.41	0.54～4.22	6.61	2.4～24.2	0.42	0.06～1.06
	红土母质	0.85	0.46～1.51	6.04	3～20	1.34	0.6～2.81	5.15	3～14.4	0.48	0.22～1.08
土壤类型	褐土	1.09	0.42～1.78	8.38	3～16	1.38	0.77～3.12	6.35	3.5～9.4	0.42	0.26～0.74
	粗骨土	0.84	0.73～0.97	7.09	5～10	1.84	1.7～1.91	9.55	7～12.7	0.47	0.34～0.58
	红黏土	1.27	0.36～2.87	12.9	2～48	1.19	0.54～4.22	6.08	2.4～24.2	0.36	0.06～1.24
	潮土	1.06	1.2～1.44	8.3	12～22	1.56	0.93～1.5	5.88	5.3～9.1	0.44	0.34～0.41
	石质土	1.01	0.77～1.37	8.21	6～12	2.13	1.8～3.56	10.16	6～18.4	0.53	0.44～0.61
	新积土	1.11	0.46～1.84	9.93	3～28	1.52	0.8～2.81	6.13	3.5～15.4	0.41	0.2～0.65
	棕壤	1.21	0.64～1.94	10.6	4～29	1.26	0.83～1.91	7.33	3.1～15.4	0.4	0.2～0.68

二、分级论述

(一) 有效铜

Ⅰ级　有效铜含量大于 2.00 毫克/千克，面积为 6 165.6 亩，占总耕地总面积的 1.27%。主要分布在龙港、郑庄、端氏 3 个乡（镇）的部分行政村，主要作物为小麦、玉米等。

Ⅱ级　有效铜含量为 1.51～2.00 毫克/千克，面积为 53 905.22 亩，占总耕地面积的 11.11%。分布在龙港、郑庄、端氏、加丰、苏庄等 5 个乡（镇），作物有小麦、玉米、蔬菜等。

Ⅲ级　有效铜含量为 1.01～1.51 毫克/千克，面积为 228 305.4 亩，占总耕地面积的 47.07%。分布在全县各乡（镇），作物有小麦、玉米、蔬菜、果树等。

Ⅳ级　有效铜含量为 0.51～1.00 毫克/千克，面积为 190 915.1 亩，占总耕地面积 39.36%。主要分布在固县、十里、胡底、郑庄、柿庄、樊村河、张村、中村等 8 个乡（镇），主要作物有小麦、玉米等。

Ⅴ级　有效铜含量为 0.21～0.50 毫克/千克，面积为 6 478.3 亩，占总耕地面积的 1.34%。主要分布在十里、胡底 2 个乡（镇），作物有小麦、玉米等。

Ⅵ级　本县无分布。

(二) 有效锰

Ⅰ级　有效锰含量大于 30 毫克/千克，面积为 2 630.99 亩，占总耕地面积的 0.542 4%。分布以龙港镇的上木亭、辛家河两村为主，种植作物有小麦、玉米。

Ⅱ级　有效锰含量为 20.01～30.00 毫克/千克，面积为 3 783.61 亩，占总耕地面积的 0.780 1%。分布于龙港镇的新城社区、杨家河社区、国华村、小龄村、上木亭、辛家河，种植作物有小麦、玉米。

Ⅲ级　有效锰含量为 15.01～20.00 毫克/千克，面积为 24 056.84 亩，占总耕地面积的 4.96%。分布龙港、加丰、胡底 3 个乡（镇）的部分行政村，种植作物有小麦、玉米。

Ⅳ级　有效锰含量为 5.01～15.00 毫克/千克，面积为 351 761.2 亩，占总耕地面积的 72.53%。广泛分布于全县各乡（镇）。作物为小麦、玉米、蔬菜和果树。

Ⅴ级　有效锰含量为 1.01～5.00 毫克/千克，面积为 103 537 亩，占总耕地面积的 21.35%。主要分布于十里、固县、柿庄、端氏、张村、土沃等乡（镇）的部分行政村，作物为小麦、玉米等。

Ⅵ级　有效锰含量小于 1.00 毫克/千克，本县无分布。

(三) 有效锌

Ⅰ级　有效锌含量大于 3.00 毫克/千克，面积为 549.59 亩，占总耕地面积的 0.11%。零星分布在龙港镇的杏则、青龙和十里的沟口村及端氏的古堆村，作物有小麦、玉米。

Ⅱ级　有效锌含量为 1.51～3.00 毫克/千克，面积为 173 842.6 亩，占总耕地面积的

35.84％。主要分布除樊村河、苏庄2个乡（镇）外，其他大部分乡（镇）。作物有小麦、玉米、果树等。

Ⅲ级　有效锌含量为1.01～1.50毫克/千克，面积为253 640.9亩，占总耕地面积的52.3％。广泛分布在全县各地。种植作物有小麦、玉米。

Ⅳ级　有效锌含量为0.51～1.00毫克/千克，面积为57 736.5亩，占总耕地面积的11.9％。分布在樊村河乡、苏庄乡、郑庄镇的王必及端氏镇、柿庄镇、胡底乡、十里乡的部分行政村。作物有小麦、玉米、蔬菜等。

Ⅴ级　全县均无分布。

Ⅵ级　全县均无分布。

（四）有效铁

Ⅰ级　有效铁含量大于20.00毫克/千克，面积为1 314.65亩，占总耕地面积的0.27％。零星分布龙港镇的上木亭、土沃乡的西阳迪村，主要作物为玉米。

Ⅱ级　有效铁含量为15.01～20.00毫克/千克，面积为3 602.43亩，占总耕地面积的0.74％。零星分布龙港镇的上木亭、小龄、杏峪及土沃乡的交口、台亭、西阳迪村，主要作物为玉米。

Ⅲ级　有效铁含量为10.01～15.00毫克/千克，面积为30 776.74亩，占总耕地面积的6.35％。主要分布在龙港、中村、土沃3个乡（镇）及郑庄镇的中乡村，端氏镇零星分布。作物为小麦、玉米。

Ⅳ级　有效铁含量为5.01～10.00毫克/千克，面积为326 023.8亩，占总耕地面积的67.22％。广泛分布在全县各地，作物为小麦、玉米、蔬菜。

Ⅴ级　有效铁含量为2.51～5.00毫克/千克，面积为123 932.5亩，占耕地总面积的25.55％。主要分布在张村、郑庄、固县、樊村河、柿庄、十里等乡（镇）及端氏镇、加丰镇的部分行政村。作物有小麦、玉米、蔬菜、果树。

Ⅵ级　有效铁含量小于等于2.50毫克/千克，面积为119.52亩，占总耕地面积的0.02％。零星分布在胡底乡的梁坪村。

（五）有效硼

Ⅰ级　Ⅱ级　全县均无分布。

Ⅲ级　有效硼含量为1.01～1.50毫克/千克，面积995.59亩，占总耕地面积的0.21％。零星分布固县乡的安上村和十里乡的十里村、河北村，作物为小麦、玉米。

Ⅳ级　有效硼含量为0.51～1.00毫克/千克，面积103 937.9亩，占总耕地面积的21.43％。主要分布在中村、土沃、柿庄、十里、固县等乡（镇），作物有玉米、蔬菜等。

Ⅴ级　有效硼含量为0.21～0.50毫克/千克，面积375 098.2亩，占总耕地面积的77.34％。广泛分布在全县14个乡（镇）。作物有小麦、玉米、蔬菜等。

Ⅵ级　有效硼含量小于等于0.20毫克/千克，面积5 737.91亩，占总耕地面积的1.18％。分布在张村、土沃2个乡（镇），龙港镇西部零星分布。作物主要为玉米。

沁水县耕地土壤微量元素分级面积见表3-8。

表 3-8　沁水县耕地土壤微量元素分级面积

单位：万亩

类　别		Ⅰ		Ⅱ		Ⅲ		Ⅳ		Ⅴ		Ⅵ	
		百分比（%）	面积	百分比（%）	面积	百分比（%）	面积	百分比（%）	面积	百分比（%）	面积	百分比（%）	面积
耕地土壤	有效铜	1.27	0.616 6	11.11	5.390 5	47.07	22.830 5	39.36	19.091 5	1.34	0.647 8	0	0
	有效锌	0.11	0.055	35.84	17.384 3	52.3	25.364 1	11.9	5.773 7	0	0	0	0
	有效铁	0.27	0.131 5	0.74	0360 2	6.35	3.077 7	67.22	32.602 4	25.55	12.393 3	0.02	0.012
	有效锰	0.54	0.263 1	0.78	0.378 4	4.96	2.405 7	72.53	35.176 1	21.35	10.353 7	0	0
	有效硼	0	0	0	0	0.21	0.099 6	21.43	10.393 8	77.34	37.509 8	1.18	0.573 8

第五节　其他理化性状

一、土壤 pH

沁水县耕地土壤 pH 变化范围为 6.01～8.36，平均值为 7.82。

(1)不同行政区域：加丰镇 pH 平均值最高，为 8.05；依次是郑村镇 pH 平均值为 8.0，端氏镇 pH 平均值 7.94，十里乡 pH 平均值 7.93，郑庄镇 pH 平均值 7.92，胡底乡 pH 平均值 7.91，苏庄乡 pH 平均值 7.79，龙港镇 pH 平均值 7.76，固县乡 pH 平均值 7.63，柿庄镇 pH 平均值 7.61，樊村河乡 pH 平均值 7.56，张村乡 pH 平均值 7.47，土沃乡 pH 平均值 7.42，最低是中村镇，pH 平均值为 7.38。

（2）不同地形部位：河流一级、二级阶地平均值最高，pH 为 8.01；其次是黄土垣、梁，pH 平均值为 7.98，沟谷地 pH 平均值为 7.87，河流宽谷阶地 pH 平均值为 7.8，低山丘陵坡地 pH 平均值为 7.78，缓坡地段 pH 平均值为 7.77，最低是丘陵低山中、下部及坡麓平坦地，pH 平均值为 7.71。

（3）不同母质：洪积物最高 pH 平均值为 7.86；其次是黄土性母质，pH 平均值为 7.78；最低是残积物，pH 平均值为 7.61。

（4）不同土壤类型：红黏土最高，pH 平均值为 8.02；其次是潮土，pH 平均值为 7.9，新积土 pH 平均值为 7.84，褐土 pH 平均值为 7.78，粗骨土 pH 平均值为 7.58，棕壤 pH 平均值为 7.5；最低是石质土，pH 平均值为 7.44。

二、耕层质地

土壤质地是土壤的重要物理性质之一，不同的质地对土壤肥力高低、耕性好坏、生产性能的优劣具有很大影响。

土壤质地也称土壤机械组成，指不同粒径在土壤中占有的比例组合。根据卡庆斯基质地分类，粒径大于 0.01 毫米为物理性沙粒，小于 0.01 毫米为物理性黏粒。根据其沙黏含量及其比例，主要可分为松沙土、沙壤土、轻壤土、中壤土、重壤土、轻黏土 6 级。

本县耕层土壤质地 90% 以上为轻壤、中壤、重壤、沙壤与黏土面积很少，见表 3-9。

表 3-9　沁水县土壤耕层质地概况

质地类型	耕种土壤（亩）	占耕种土壤（%）
松沙壤	864.01	0.18
沙壤土	21 532.18	4.42
轻壤土	65 994.83	13.57
中壤土	250 297.89	51.55
重壤土	137 008.11	28.22
轻黏土	10 072.59	2.06
合　计	485 769.61	100.0

从表 3-9 可知，沁水县中壤面积居首位，中壤、轻壤，两者占到全县总面积的 65.12%，其中壤或轻壤（俗称绵土）物理性沙粒大于 55%，物理性黏粒小于 45%，沙黏适中，大小孔隙比例适当，通透性好，保水保肥，养分含量丰富，有机质分解快，供肥性好，耕作方便，通耕期早，耕作质量好，发小苗也发老苗。因此，一般壤质土，水、肥、气、热比较协调，从质地上看，是农业上较为理想的土壤。

沙壤土占沁水县耕地地总面积的 4.42%，其物理性沙粒高达 80% 以上，土质较沙，疏松易耕，粒间孔隙度大，通透性好，但保水保肥性能差，抗旱力弱，供肥性差，前劲强后劲弱，发小苗不发老苗。

黏质土即重壤或黏土（俗称垆土），占沁水县耕地总面积的 30.28%。其中土壤物理性黏粒（<0.01 毫米）高达 45% 以上，土壤黏重致密，难耕作，易耕期短，保肥性强，养分含量高，但易板结，通透性能差。土体冷凉坷垃多，不养小苗，易发老苗。

三、土体构型

土体构型是指整个土体各层次质地排列组合情况。它对土壤水、肥、气、热等各个肥力因素有制约和调节作用，特别对土壤水、肥储藏与流失有较大影响。因此，良好的土体构型是土壤肥力的基础。

沁水县耕作的土体构型可分五大类 7 个亚类，即通体型（通壤型、通沙型、通黏型）、埋藏型、上紧下松型、夹层型、漏雨沙型。

1. 通体型

（1）通壤型：土体深厚，上下质地均一，保土保肥性能较好，土温变化小，有利于调节水、肥、气、热，促进作物（植物）生长。多分布在黄土状、红土状和部分黄土母质、沟淤母质发育的土壤上。

（2）通沙型：土体薄厚不一，总孔隙少，质地不良，全为自然土壤，耕地没有分布。

（3）通黏型：土体深厚，土性僵硬，通体土壤黏粒排列致密而紧实，土温变化小而性冷，通气透水性差，保水保肥力强而供肥供水国弱，故发老苗不发小苗。主要分布在红土、部分黄土和红黄土母质发育的土壤上。

2. 埋藏型　也叫蒙金型，该土上轻下重，上松下紧，易耕易种，心土层紧实致密，托水托肥，肥水不易渗漏，故既发小苗，又发老苗。所以，"蒙金型"是农业生产上最为理想的土体构型，人们评价是："种上蒙金土，产量没法估"。耕种土壤分布在各乡（镇）的一类耕地上。

3. 上紧下松型　土体上部质地黏重，下部质地轻细。通透性差，漏水漏肥。在耕种土壤中，作物产量偏低，主要分布在坡积、冲积、洪积物覆盖的沙壤、轻壤质土壤上。

4. 夹层（夹姜）型　中间夹有较为悬殊的质地和障碍层次，漏水漏肥产量不高。沁水县主要是红土母质发育的土壤中出现的料姜层和近代河流冲积、淤积物中出现的沙粒层。分布在耕种厚层少料姜红土质褐土性土和部分浅色草甸土中。

5. 漏沙型　土体厚薄不匀，下层多沙砾、岩屑，土温变化大，水、肥、气、热等肥力因素互不协调，直接影响作物生长。分布于河漫滩和部分耕种浅色草甸土上。

以上资料为1984年县第二次普查资料。

四、土壤结构

构成土壤骨架的矿物质颗粒，在土壤中并非彼此孤立、毫无相关的堆积在一起，而往往是受各种作物胶结成形状不同、大小不等的团聚体。各种团聚体和单粒在土壤中的排列方式称为土壤结构。

土壤结构是土体构造的一个重要形态特征。它关系着土壤水、肥、气、热状况的协调，土壤微生物的活动、土壤耕性和作物根系的伸展，是影响土壤肥力的重要因素。

沁水县土壤有块状、片状、屑粒状、团粒4种结构。

块状结构：土粒胶结成块，团聚体长宽大体近似，呈不规则状，俗称为坷垃或土坷垃。这种结构空隙大，易漏水跑墒压苗，不利于小苗生长。

片状结构：团聚体水平轴沿长宽方向发展，呈片状。在表层出现时，俗称板结，在表层下层出现时，又称犁底层，影响扎根，影响通气透水，耕作难度大。

屑粒状结构：团聚体<0.25毫米，是一种较为理想的结构类型。在本县分布面积大，范围广。

团粒结构：粒径为0.25～10毫米，由腐殖质为成型动力胶结而成。团粒结构是良好的土壤结构类型，可协调土壤的水、肥、气、热状况。

沁水县土壤的不良结构主要有：

1. 板结　沁水县耕作土壤灌水或降水后表层板结现象较普遍，板结形成的原因是细黏粒含量较高，有机质含量少所致。板结是土壤不良结构的表现，它可加速土壤水分蒸发、土壤紧实，影响幼苗出土生长以及土壤的通气性能。改良办法应增加土壤有机质，雨后或浇灌后及时中耕破板，以利土壤疏松通气。

2. 坷垃　坷垃是在质地黏重的土壤上易产生的不良结构。坷垃多时，由于相互支撑，增大孔隙透风跑墒，促进土壤蒸发，并影响播种质量，造成露籽或压苗，或形成吊根，妨碍根系穿插。改良办法首先大量施用有机肥料和掺杂沙改良黏重土壤，其次应掌握宜耕期，及时进行耕耙，使其粉碎。

3. 片状结构　在长期的耕作过程中，由于机械、重力的作用，在活土层下面出现了一层比较紧实的犁底层，多数为片状结构，直接妨碍通气透水和根系深扎。

土壤结构是影响土壤孔隙状况、容重、持水能力、土壤养分等的重要因素，因此，创造和改善良好的土壤结构是农业生产上夺取高产稳产的重要措施。

以上资料为 1984 年县第二次普查资料。

五、土壤孔隙状况

土壤是多孔体，土粒、土壤团聚体之间以及团聚体内部均有孔隙。单位体积土壤孔隙所占的百分数，称土壤孔隙度，也称总孔隙度。

土壤孔隙的数量、大小、形状很不相同，它是土壤水分与空气的通道和储存所，它密切影响着土壤中水、肥、气、热等因素的变化与供应情况。因此，了解土壤孔隙大小、分布、数量和质量，在农业生产上有非常重要的意义。

土壤孔隙度的状况取决于土壤质地、结构、土壤有机质、土粒排列方式及人为因素等。黏土孔隙多而小，通透性差；沙质土孔隙少而粒间孔隙大，通透性强；壤土孔隙大小比例适中。土壤孔隙可分 3 种类型：

1. 无效孔隙　孔隙直径小于 0.001 毫米，作物根毛难于伸入，为土壤结合水充满，孔隙中水分被土粒强烈吸附，故不能被植物吸收利用，水分不能运动也不通气，对作物来说是无效孔隙。

2. 毛管孔隙　孔隙直径为 0.001～0.1 毫米，具有毛管作用，水分可借毛管弯月面力保持贮存在内，并靠毛管引力向上下左右移动，对作物是最有效水分。

3. 非毛细管孔隙　即孔隙直径大于 0.1 毫米的大孔隙，不具毛管作用，不保持水分，为通气孔隙，直接影响土壤通气、透水和排水的能力。

土壤孔隙一般为 30%～60%，对农业生产来说，土壤孔隙以稍大于 50% 为好，要求无效孔隙尽量低些。非毛管孔隙应保持为 10% 以上，若小于 5% 则通气、渗水性能不良。

沁水县耕层土壤总孔隙一般为 37%～69%。褐土孔隙一般为 38%～66%，平均为53%；潮土孔隙一般为 45%～69%，平均为 55%；沁水县土壤主要为褐土和潮土，大小孔隙比例基本相当，可以有效供给作物吸收。

第六节　耕地土壤属性综述与养分动态变化

一、耕地土壤属性综述

沁水县 3 600 个样点测定结果表明，耕地土壤有机质平均含量为 23.49 克/千克，全氮平均含量为 1.6 克/千克，有效磷平均含量为 13.88 毫克/千克，速效钾平均含量为151.75 毫克/千克，有效铜平均含量为 1.08 毫克/千克，有效锌平均含量为 1.3 毫克/千克，有效铁平均含量为 6.22 毫克/千克，有效锰平均值为 8.88 毫克/千克，有效硼平均含量为 0.38 毫克/千克，pH 平均值为 7.77，有效硫平均含量为 36.34 毫克/千克，缓效钾平均值为 768.19 毫克/千克。见表 3 - 10。

表 3 - 10 沁水县耕地土壤属性总体统计结果

项目名称	点位数（个）	平均值	最大值	最小值	标准差	变异系数（%）
有机质（克/千克）	3 600	23.49	40.53	8.94	23.73	100.99
全　氮（克/千克）	3 600	1.60	2.14	0.58	2.28	142.55
有效磷（毫克/千克）	3 600	13.88	34.65	5.43	10.61	76.43
速效钾（毫克/千克）	3 600	151.75	326.05	15.11	61.99	40.65
有效铜（毫克/千克）	3 600	1.08	2.86	0.36	0.59	54.57
有效锌（毫克/千克）	3 600	1.30	4.22	0.54	0.67	51.21
有效铁（毫克/千克）	3 600	6.22	24.11	2.45	3.39	54.47
有效锰（毫克/千克）	3 600	8.88	47.12	2.77	4.69	52.76
有效硼（毫克/千克）	3 600	0.38	1.24	0.66	0.18	47.1
pH	3 600	7.77	8.36	6.01	0.27	3.46
有效硫（毫克/千克）	3 600	36.34	132.99	16.48	17.37	47.8
缓效钾（毫克/千克）	3 600	768.19	1 199.95	520.52	154.11	20.11

二、有机质及大量元素的演变

随着农业生产的发展及施肥、耕作经营管理水平的变化，耕地土壤有机质及大量元素也随之变化。与 1984 年全国第二次土壤普查时的耕层养分测定结果相比，23 年间，土壤有机质增加了 0.49 克/千克，全氮增加了 0.32 克/千克，有效磷增加了 5.78 毫克/千克，速效钾增加了 16.75 毫克/千克。详见表 3 - 11。

表 3 - 11 沁水县耕地土壤养分动态变化

项　目	有机质（克/千克）	全氮（克/千克）	有效磷（毫克/千克）	速效钾（毫克/千克）
1984 年养分平均值	23	1.28	8.1	135
2009—2011 年 3 年平均值	23.49	1.6	13.88	151.75
增　加	0.49	0.32	5.78	16.75
增加率（%）	2.1	25	71.36	12.41

第四章 耕地地力评价

第一节 耕地地力分级

一、面积统计

沁水县耕地面积为 48.58 万亩，其中，水浇地 6.8 万亩，占耕地面积的 14％；旱地 41.77 万亩，占耕地面积的 86％。按照地力等级的划分指标，对照分级标准，确定每个评价单元的地力等级，汇总结果见表 4-1。

表 4-1 沁水县耕地地力统计表

等级	耕地面积（亩）	占耕地面积（％）
1	50 582.81	10.41
2	90 633.15	18.66
3	198 590.15	40.88
4	121 320.51	24.97
5	24 642.99	5.08
合计	485 769.61	100

二、地域分布

一级地（国家等三级）主要分布在郑庄镇、端氏镇、龙港镇、十里乡、固县乡 5 个乡（镇）的河流宽谷阶地、河流一级、二级阶地、沟谷地和低山丘陵坡地。二级地（国家等四级）主要分布在龙港镇、郑庄镇、端氏镇、加丰镇 4 个乡（镇）的河流宽谷阶地、河流一级、二级阶地；龙港镇、郑庄镇、十里乡的沟谷地和低山丘陵坡地。三级地（国家等五级）全县分布面积最大，主要分布在龙港镇、郑庄镇、端氏镇、中村镇、郑村镇、柿庄镇、十里乡、胡底乡 8 个乡（镇）的低山丘陵地、山地、丘陵（中、下）部的缓坡地段、丘陵低山中、下部及坡麓平坦地。四级地（国家等六级）主要分布在加丰镇、郑庄镇、郑村镇、柿庄镇、胡底乡、龙港镇、苏庄乡、樊村河乡 8 个乡（镇）的山地、低山丘陵坡地及丘陵低山中、下部。五级地（国家等七级）主要分布在龙港镇、张村乡、土沃乡、郑庄镇 4 个乡（镇）。

纵观沁水县耕地地力地域分布，有 3 个特点：一是一级耕地、二级部分耕地属于沁水县的高产田，分布面积为县城中东部多、西部零星分布；二是三级、四级耕地属于沁水县中产田，在全县均有分布；三是五级耕地属于沁水县的低产田，分布面积以县城西部为主。分布面积见表 4-2。

表4-2 各乡（镇）耕地地力等级面积

乡（镇）	一级 面积（亩）	一级 占乡（镇）（%）	一级 占本级（%）	二级 面积（亩）	二级 占乡（镇）（%）	二级 占本级（%）	三级 面积（亩）	三级 占乡（镇）（%）	三级 占本级（%）	四级 面积（亩）	四级 占乡（镇）（%）	四级 占本级（%）	五级 面积（亩）	五级 占乡（镇）（%）	五级 占本级（%）	合计面积（亩）
龙港	4 844.87	8.06	9.58	13 897.13	23.14	15.33	29 446.63	49.02	14.82	7 653.99	12.74	6.31	4 296.46	7.15	17.43	60 139.08
中村	2 901.26	11.51	5.74	3 296.46	13.07	3.64	16 673.21	66.13	8.40	1 471.24	5.84	1.21	916.93	3.63	3.72	25 259.1
郑庄	9 094.72	14.26	17.98	19 635.38	30.79	21.66	19 468.96	30.53	9.80	12 852.13	20.16	10.59	2 767.41	4.34	11.23	63 818.6
端氏	8 596.06	14.87	16.99	8 298.02	14.35	9.16	36 642.73	63.37	18.45	4 278.84	7.40	3.53	0	0	0	57 815.65
加丰	2 396	6.57	4.74	2 608.83	7.15	2.88	2 427.7	6.59	1.21	29 442.85	80.74	24.27	0	0	0	36 875.38
郑村	2 228.48	5.63	4.41	5 468.5	13.83	6.03	17 842.1	45.14	8.98	14 182.08	35.88	11.69	0	0	0	39 721.16
柿庄	3 353.97	8.43	6.63	6 626.24	16.67	7.31	15 671.21	39.43	7.90	14 053.17	35.36	11.58	551.96	1.37	2.23	40 256.55
土沃	979.99	4.10	1.94	5 073.45	23.85	5.60	9 112.69	42.84	4.59	763.62	3.59	0.63	5 462.91	25.54	22.17	21 392.66
张村	197.06	1.01	0.39	3 263.66	16.77	3.60	6 157.8	31.65	3.10	974.88	5.01	0.80	9 231.96	46.57	37.46	19 825.36
苏庄	243.77	1.98	0.48	1 701.36	13.81	1.88	1 923.25	15.6	0.97	7 473.04	60.65	6.16	995.24	8.07	4.03	12 336.66
胡底	615.99	1.97	1.22	2 245.84	7.18	2.48	15 301.77	48.91	7.70	12 924.73	41.31	10.65	385.16	1.22	1.56	31 473.49
固县	5 418.85	22.30	10.71	5 300.6	21.82	5.85	8 164.43	33.6	4.11	5 415.89	41.30	4.46	34.96	0.14	0.141	24 334.73
十里	9 711.79	23.26	19.20	10 502.89	25.15	11.59	19 459.02	46.66	9.80	2 171.77	5.20	1.79	0	0	0	41 845.47
樊村河	0	0	0	2 714.79	25.52	3.00	298.65	2.81	0.15	7 662.28	72.04	6.32	0	0	0	10 675.72
合 计	50 582.81	0	100.00	90 633.15	0	100.00	198 590.15	0	100.00	121 320.51	0	100.00	24 642.99	0	100.00	485 769.61

第二节　耕地地力等级分布

一、一　级　地

(一)面积和分布

该级耕地主要分布在郑庄镇、端氏镇、龙港镇、十里乡、固县乡5个乡（镇）的河流宽谷阶地、河流一级、二级阶地、沟谷地和低山丘陵坡地，面积为50 582.81亩，占全县总耕地面积的10.41%。

(二)主要属性分析

该级耕地土壤包括褐土性土、潮土、淋溶褐土、红黏土、粗骨土5个亚类，成土母质黄土、黄土状冲积物、红黄土，地面平坦，地面坡度为2°~8°，耕层质地为多为中壤，耕层厚度平均为25厘米，pH为6.5~8.4，平均值为7.84。

该级耕地地势平坦，无侵蚀，保水，地下水位浅且水质良好，灌溉保证率为70%。主要作物有玉米、小麦、蔬菜。玉米亩产一般为700千克以上，在端氏镇、固县乡的河流宽谷阶地，水源条件好，复种指数高，单位面积产量可达800千克以上。

该级耕地土壤有机质平均含量17.89克/千克，全氮平均含量为1.14克/千克，有效锌平均含量1.47毫克/千克，均属省三级水平；有效磷平均含量为14.97毫克/千克，速效钾平均含量为149.19毫克/千克，有效硫平均含量40.39毫克/千克，微量元素有效锰平均含量8.05毫克/千克，有效铁平均含量6.4毫克/千克，均属省四级水平；有效硼平均含量0.46毫克/千克，属省五级水平。详见表4-3。

(三)主要存在问题

一是土壤肥力与高产高效的需求仍不适应；二是部分区域地下水资源贫乏，水位持续下降，更新深井，加大了生产成本；三是多年种菜的部分地块，化肥施用量不断提升，有机肥施用不足，引起土壤板结，土壤团粒结构分配不合理。四是灌溉面积小，保浇率低，不利于充分发挥土壤潜在的生产能力。

(四)合理利用

该级耕地在利用上应以种植优质小麦、玉米为主，大力发展设施农业，加快蔬菜生产发展。突出区域特色经济作物如蔬菜设施大棚的开发，复种作物重点发展小麦—玉米、小麦—大豆间作，实行一年两作，提高复种指数。

表4-3　一级地土壤养分统计

项　目	平均值	最大值	最小值	标准差	变异系数（%）
有机质	17.89	39.42	10.67	4.67	26.11
有效磷	14.97	33.78	6.09	5.35	35.72
速效钾	149.19	236.94	17.60	53.08	35.58
pH	7.85	8.36	6.49	0.28	36.73

（续）

项　目	平均值	最大值	最小值	标准差	变异系数（%）
缓效钾	765.35	1 100.30	536.42	84.06	10.98
全　氮	1.14	2.14	0.61	0.22	19.53
有效硫	40.39	121.03	17.91	13.33	33.02
有效锰	8.04	44.84	2.96	3.69	45.89
有效硼	0.46	1.21	0.18	0.14	30.44
有效铁	6.40	22.99	3.01	2.26	35.36
有效铜	1.08	2.44	0.37	0.40	37.19
有效锌	1.47	3.12	0.67	0.40	27.83
耕层厚度	25.00	26.00	10.00	4.72	22.15

注：表中各项含量单位为：耕层厚度为厘米，有机质、全氮为克/千克，其他均为毫克/千克。

二、二 级 地

（一）面积与分布

主要分布在龙港镇、郑庄镇、端氏镇、加丰镇 4 个乡（镇）的河流宽谷阶地、河流一级、二级阶地；龙港镇、郑庄镇、十里乡的沟谷地和低山丘陵坡地。海拔为 600～850 米，面积 90 633.15 亩，占全县总耕地面积的 18.66%。

（二）主要属性分析

该级耕地包括潮土、褐土、褐土性土、红黏土、冲积土 5 个亚类，成土母质为洪积物和黄土状母质及红土母质，质地多为壤土，地面平坦，地面坡度小于 3°，园田化水平高。有效土层厚度为 120～150 厘米，耕层厚度平均为 24 厘米，本级土壤 pH 为 6.17～8.36，平均值为 7.84。本级耕地在作物布局上多为一年两作或两年三作，主要种植作物有玉米、小麦、蔬菜等。平均单产为 600 千克以上，属于全县高产粮菜区。

该级耕地土壤有平均机质平均含量 17.67 克/千克，属省三级水平；有效磷平均含量为 13.67 毫克/千克，属省四级水平；速效钾平均含量为 153.86 毫克/千克，属省三级水平；全氮平均含量为 1.13 克/千克，属省二级水平。详见表 4-4。

表 4-4 二级地土壤养分统计

项　目	平均值	最大值	最小值	标准差	变异系数（%）
有机质	17.67	39.42	8.95	4.15	23.47
有效磷	13.67	34.65	5.43	4.86	35.59
速效钾	153.86	301.04	22.59	48.88	31.77
pH	7.84	8.36	6.17	0.27	3.52
缓效钾	782.83	1 140.16	544.36	86.22	11.01
全　氮	1.13	1.93	0.58	0.22	19.54

（续）

项　目	平均值	最大值	最小值	标准差	变异系数（%）
有效硫	38.51	118.04	16.49	12.57	32.64
有效锰	8.38	47.12	2.77	4.12	49.14
有效硼	0.43	1.05	0.08	0.14	31.76
有效铁	6.45	23.73	2.84	2.36	36.64
有效铜	1.10	2.61	0.38	0.41	37.04
有效锌	1.45	4.21	0.64	0.38	25.97
耕层厚度	24.00	55.00	10.00	3.12	10.29

注：表中各项含量单位为：耕层厚度为厘米，有机质、全氮为克/千克，其他均为毫克/千克。

（三）主要存在问题

盲目施肥现象严重，有机肥施用量少，由于产量高造成土壤肥力下降，农产品品质降低。

（四）合理利用

应"用养结合"，培肥地力为主，一是合理布局，实行轮作，倒茬，尽可能做到须根与直根、深根与浅根、豆科与禾本科、夏作与秋作、高秆与矮秆作物轮作，使养分调剂，余缺互补；二是推广小麦、玉米秸秆两茬还田，提高土壤有机质含量；三是推广测土配方施肥技术，建设高标准农田。四是抓好蔬菜基地建设。

三、三 级 地

（一）面积与分布

沁水县分布面积最大，主要分布在龙港镇、郑庄镇、端氏镇、中村镇、郑村镇、柿庄镇、十里乡和胡底乡8个乡（镇）的低山丘陵地、山地、丘陵（中、下）部的缓坡地段、丘陵低山（中、下）部及坡麓平坦地。海拔800～1 200米，面积为198 590.15亩，占全县总耕地面积的40.88%。

（二）主要属性分析

该级耕地面积分布范围较广，土壤类型复杂。包括淋溶褐土、中性石质土、冲积土和褐土性土4个亚类，成土母质为黄土质母质，耕层质地为中壤、轻壤、重壤，土层深厚，有效土层厚度为110～150厘米，耕层厚度为25厘米。土体构型为通体壤，地面基本平坦，坡度为0°～15°，梯田化水平较高。本级的pH为6.02～8.36，平均值为7.76。种植作物以玉米、小麦、谷子为主，种植方式多为一年一作或两年三作，玉米单产在500千克以上，小麦平均亩产250千克，复播玉米260千克以上，粮食生产水平较高。

该级耕地土壤有平均机质平均含量19.36克/千克，属省三级水平；有效磷平均含量为13.7毫克/千克，属省四级水平；速效钾平均含量为164.31毫克/千克，属省三级水平；全氮平均含量为1.18克/千克，属省三级水平。详见表4-5。

表 4 - 5 三级地土壤养分统计

项　目	平均值	最大值	最小值	标准差	变异系数（％）
有机质	19.36	40.53	9.12	4.67	24.14
有效磷	13.70	33.78	6.09	4.62	33.74
速效钾	164.31	326.05	15.11	47.78	29.08
pH	7.76	8.36	6.02	0.30	3.89
缓效钾	797.44	1 199.95	520.52	89.32	11.2
全　氮	1.18	2.14	0.60	0.18	15.7
有效硫	39.94	132.99	17.91	12.56	31.46
有效锰	8.40	47.12	2.77	3.92	46.63
有效硼	0.44	1.24	0.08	0.13	30.09
有效铁	6.66	24.11	2.45	2.43	36.64
有效铜	1.09	2.61	0.37	0.35	32.05
有效锌	1.40	3.67	0.67	0.39	27.93
耕层厚度	25.00	26.00	10.00	3.59	10.29

注：表中各项含量单位为：耕层厚度为厘米，有机质、全氮为克/千克，其他均为毫克/千克。

（三）主要存在问题

该级耕地存在的主要问题土体干旱，水资源缺乏。施肥盲目，养分总体含量属于中等偏上，但分布不平衡，存在着微量元素偏少。

（四）合理利用

该区农业生产水平较高，因此，应采用先进的栽培技术，如选用优种、科学管理、平衡施肥等；推广地膜覆盖、秸秆覆盖等旱作节水农业技术；并配套挖旱井，节水补灌；实施秋施磷肥，补施硼肥、锌肥；同时今后应在玉米、小麦优质无公害基地建设上下工夫，充分发挥土壤的丰产性能，夺取各种作物高产。

四、四 级 地

（一）面积与分布

主要分布在加丰镇、郑庄镇、郑村镇、柿庄镇、胡底乡、龙港镇、苏庄乡、樊村河乡8个乡（镇）的山地、低山丘陵坡地及丘陵低山中、下部。面积 121 320.51 亩，占全县总耕地面积的 24.97％，

（二）主要属性分析

该级耕地包括褐土性土、淋溶褐土、红黏土、中性石质土，成土母质有黄土母质、红土母质两种，耕层土壤质地差异较大，为中壤、重壤，有效土层厚度为 150 厘米，耕层厚度平均为 22 厘米。地面基本平坦，坡度为 3°～15°，园田化水平较高。本级土壤 pH 为 6.64～8.36，平均值为 7.81。主要种植作物以小麦、玉米、杂粮为主，小麦平均亩产量为 200 千克，玉米单产 400 千克以上，杂粮平均亩产 150 千克以上，属于沁水县的中下等

水平。

该级耕地土壤有平均机质平均含量 17.54 克/千克，属省三级水平；有效磷平均含量为 11.69 毫克/千克，属省四级水平；速效钾平均含量为 167.49 毫克/千克，属省三级水平；全氮平均含量为 1.09 克/千克，属省三级水平；有效铁为 5.92 毫克/千克，属省四级水平；有效锌为 1.38 克/千克，属省三级水平；有效锰平均含量为 8.43 毫克/千克，有效硫平均含量为 40.74 毫克/千克，属省四级水平。有效硼平均含量为 0.39 毫克/千克，属省五级水平。详见表 4-6。

表 4-6　四级地土壤养分统计

项　目	平均值	最大值	最小值	标准差	变异系数（%）
有机质	17.54	40.53	10.67	3.32	18.95
有效磷	11.69	34.65	5.43	3.49	29.86
速效钾	167.49	267.68	40.03	40.71	24.31
pH	7.74	8.36	6.64	0.29	3.77
缓效钾	768.66	1 060.44	552.31	82.34	10.71
全　氮	1.09	2. 14	0.65	0.16	14.45
有效硫	40.74	118.04	17.91	11.06	27.15
有效锰	8.43	45.98	2.77	3.92	46.46
有效硼	0.39	1.08	0.07	0.12	30.60
有效铁	5.92	20.00	3.01	1.93	32.60
有效铜	1.04	2.86	0.43	0.33	31.28
有效锌	1.38	3.34	0.54	0.36	26.43
耕层厚度	22.00	26.00	10.00	2.22	11.59

注：表中各项含量单位为：耕层厚度为厘米，有机质、全氮为克/千克、其他均为毫克/千克。

（三）主要存在问题

一是坡耕面积较大，水土流失严重，土壤干旱；二是管理粗放；三是本级耕地的中量元素偏低，微量元素的硼、铁偏低，今后在施肥时应合理补充。

（四）合理利用

修筑水平梯田，抓好坡改梯农田基本建设工程；推广旱作农业技术，实施地膜覆盖、秸秆还田覆盖工程；开展测土配方施肥，科学合理补施中微量元素，做好中低产田的土壤养分协调工程。

五、五 级 地

（一）面积与分布

主要分布在龙港镇、张村乡、土沃乡、郑庄镇 4 个乡（镇），面积为 24 642.99 亩，占全县总耕面积的 5.08%。

（二）主要属性分析

该级耕地土壤多为褐土性土、淋溶褐土、中性石质土、冲积土、棕壤 5 个亚类。成土母质为黄土母质和红黄土，耕层质地为中壤、重壤，耕层厚度为 22 厘米，地面坡度较大，保水保肥性差。pH 为 6.95～8.36，平均值为 7.6。种植制度多为一年一作，单产水平较低，一般玉米亩产为 300～400 千克，是沁水县瘠薄农田。

该级耕地土壤有平均机质平均含量 15.68 克/千克，属省三级水平；有效磷平均含量为 11.24 毫克/千克，属省四级水平；速效钾平均含量为 177.55 毫克/千克，属省三级水平；全氮平均含量为 1.0 克/千克，属省四级水平。详见表 4-7。

表 4-7　五级地土壤养分统计

项　目	平均值	最大值	最小值	标准差	变异系数（%）
有机质	15.68	29.44	11.99	2.12	13.54
有效磷	11.24	29.44	5.43	2.96	28.89
速效钾	177.55	236.94	83.67	33.77	19.02
pH	7.85	8.36	6.95	0.19	2.44
缓效钾	814.64	980.72	576.16	82.94	10.18
全　氮	1.00	1.42	0.63	0.11	10.95
有效硫	32.62	83.37	17.20	12.19	37.38
有效锰	8.98	16.34	2.77	2.94	32.72
有效硼	0.38	0.64	0.23	0.06	14.78
有效铁	5.94	10.00	2.45	1.31	22.07
有效铜	1.16	2.09	0.40	0.30	25.52
有效锌	1.19	2.80	0.60	0.40	34.11
耕层厚度	18.00	25.00	10.00	2.60	13.32

注：表中各项含量单位为：耕层厚度为厘米，有机质、全氮为克/千克，其他均为毫克/千克。

（三）主要存在问题

该级耕地条件较差，一是土层较薄，耕层浅，土质差，养分含量低下；二是干旱严重，保水保肥性能差。

（四）合理利用

改良土壤，培肥地力，除增施有机肥、秸秆还田外，还应种植苜蓿、豆类等养地作物；加强农田基本建设，增加土层厚度，针对土质黏重的土壤，要增施炉灰，改良土质；因地制宜推广地膜覆盖技术；土层较薄的要实行退耕还林、还药、还牧，同时要积极抓好核桃干果经济林基地建设。

第五章　耕地土壤环境质量评价

第一节　环境存在的主要问题

　　沁水县的污染源以及污染物的产排在空间上分布不均衡，工业污染源主要分布在嘉峰镇、郑村村、端氏镇、中村镇，占全县 70%；生活污染源主要集中在龙港镇、端氏镇、嘉峰镇，占全县 91.6%。按照行业分类：煤炭开采洗选业占工业污染源的 43.5%，焦化行业一家，占工业污染源的 0.007%，非金属矿物制品业（砖瓦和水泥）占工业污染源的 27%，其他污染源占 29.5%。

　　一是以资源型产业为主体形成的结构性污染比较严重。产业是以煤炭为主带动的相关产业，企业大多数是以煤炭为原料或能源，产业结构仍然相当粗放，环境污染也很严重，集中分布在沁河沿岸，人口密集区，据普查全县煤炭年产量为 500 万吨，仅晋煤集团寺河煤矿产量就达 800 万吨，共计 1 300 万吨，在随着沁城煤矿、胡底煤矿、野马煤矿、东大煤矿、岳城煤矿等一大批基建矿井的投产，年产量突破 3 000 万吨，必将造成水资源破坏、水土流失、采矿区塌陷、生态破坏等环保问题。

　　二是企业布局过度集中和过度分散同时存在，难以对污染源进行集中治理。一方面是原有煤矿大部分集中在嘉峰镇、郑村镇、端氏镇、中村镇，随着煤炭市场好转，带动的洗煤厂和选煤厂也集中在这些区域，污染企业布局比较密集，污染总量增加，给区域污染物总量消减带来困难；另一方面建材、水泥和新建煤矿分布散，难以集中治理。

　　三是城镇环保基础设施建设相对滞后。县城污水处理厂、生活垃圾处理已立项，但还未建成使用，建制镇没有生活污水处理设施，污水直接排入沁河，垃圾也是随意堆放。

　　四是农业污染源问题主要来自农作物秸秆焚烧以及畜禽养殖特别是养殖业逐渐增多，粪便未深加工处理，乱排、乱流、乱堆，造成环境恶劣、污染严重。

第二节　"三废"总体情况及评价

　　"三废"是指废水、废气、固体废物污染物。

一、工 业 源

　　沁水县工业源废水产生量 558.75 万吨，废水处理量 322.81 万吨，废水排放量 228.28 万吨，主要为煤炭开采与洗选行业废水；工业废气排放量 455 955.16 万立方米，实际处理量 219 759.92 万立方米，主要为冶炼行业废气；固体废物产生量 200.48 万吨，综合利用量 37.15 万吨，处置量 163.28 万吨，主要为煤矸石和冶炼废渣。

二、生 活 源

沁水县生活源废水产生量 386.39 万吨，主要为餐饮住宿业和医疗废水；废气产生量 151 951.47 万立方米，主要为居民生活废气；固体废物产生量 1.52 万吨，主要为居民生活垃圾。

三、农 业 源

总体说来，沁水县是一个纯农业县，山大坡广是本县的自然现状，有着传统的种植和养殖习惯。在种植业中，以施用农家肥为主，基本不构成污染。因此，沁水县农业污染源主要来自于部分畜禽养殖业粪便和农作物秸秆焚烧。具体如下：

1. 废水 畜禽养殖、水产养殖废水随水土流失污染。

2. 废气 主要表现为秸秆焚烧及畜禽养殖尿液、粪便物体挥发污染空气。

3. 固体废物 主要表现为畜禽养殖粪便、废渣排放、堆积，没得到合理处置，造成污染较重。

第三节 农业源普查结果与分析

一、种植业总体情况

沁水县耕地面积为 48.58 万亩，园地面积为 22.59 万亩，其余全部为旱地。主要种植小麦、玉米、油菜、大豆、花生、棉花等，主要种植方式为套作、轮作、单作，园地主要以果园、桑园为主。化肥施用种类主要为尿素、过磷酸钙、复合肥，全县氮肥用量 20 592 吨，磷肥用量 15 000 吨，复合肥用量 5 000 吨，钾肥用量 105 吨。农药施用种类主要为 2，4－D 丁酯、丁草胺、乙草胺、克百威、吡虫啉等，全县全年农药施用量 16.7 吨，全部为农作物所吸收，基本不构成污染。地膜使用量为 51.97 吨，残留量为 4.96 吨，利用率 90.5％。秸秆产生量 17.88 万吨，焚烧量为 9.68 万吨，焚烧率 51.3％；使用量为 4.58 万吨，使用率 25.6％。随意丢弃量为 4.29 万吨，丢弃率 23.1％，使用量不高。

二、畜禽养殖业总体情况

畜禽养殖业规模化养殖场普查 12 户，养殖专业户 89 户，养殖小区 7 户，主要分布在固县河、县河流域。近年来，畜牧业取得了迅猛发展数量不断增加的规模化，畜禽养殖场和养殖小区所产生的粪污已成为环境污染的主要来源。根据对沁水县 14 个乡（镇）普查结果，全县畜禽粪便产生量约为 2.15 万吨/年，尿液产生量 1.05 万吨/年。为取得较好的经济效益，大多数规模化畜禽养殖场畜禽粪便处理，是以能源与综合利用为主要目的，即兴建相应的沼气工程、沼气用于集中供气（少数发电）。沼液、沼渣用作农田、菜地、果树和经济作物的肥料等。兽药用量总约 10 吨，除必要的防疫、治病使用外，一般不用。

三、水产养殖业总体情况

沁水县现有水产养殖专业户 4 户，养殖模式均为池塘养殖和围栏养殖。养殖废水基本上不经过处理，年排放量为 38.93 万立方米，年鱼药使用量为 0.01 吨，主要排入沁河流域。

第四节　肥料农药对农田的影响

一、肥料对农田的影响

（一）耕地肥料施用量

沁水县大田作物主要为玉米、小麦、谷子等，从调查情况看，玉米平均亩施纯氮 10 千克，五氧化二磷 6 千克，氧化钾 1 千克；小麦全生育期平均亩施纯氮 10 千克，五氧化二磷 7 千克，氧化钾 3 千克；谷子平均亩施纯氮 8 千克，五氧化二磷 5 千克，氧化钾 1 千克。肥料品种主要为尿素、普钙、硫酸钾、复合（混）肥等。

（二）施肥对农田的影响

在农业增产的诸多措施中，施肥是最有效最重要的措施之一。无论施用化肥还是有机肥，都给土壤与作物带来大量的营养元素。特别是氮、磷、钾等化肥的施用，极大地增加了农作物的产量。可以说化肥的施用不仅是农业生产由传统向现代转变的标志，而且是农产品从数量和质量上提高和突破的根本。施肥能增加农作物产量，施肥能改善农产品品质，施肥能提高土壤肥力，改良土壤，合理施肥是农业减灾中一项重要措施，合理施肥可以改善环境、净化空气。施肥的种种功能已逐渐被世人认识。但是，由于肥料生产管理不善，施肥用量、施肥方法不当而造成土壤、空气、水质、农产品的污染也愈来愈引起人产的关注。

目前，肥料对农业环境的污染主要表现在 4 个方面：肥料对土壤的污染，肥料对空气的污染，肥料对水源的污染，肥料对农产品的污染。

1. 肥料对土壤的污染

（1）肥料对土壤的化学污染：许多肥料的制作、合成均是由不同的化学反应而形成的，属于化学产品。它们的某些产品特性由生产工艺所决定，具有明显的化学特征，它们所造成的污染均为化学污染。如一些过酸、过碱、过盐、无机盐类，含有有毒有害矿物质制成的肥料，使用不当，极易造成土壤污染。

一些肥料本身含有放射性元素，如磷肥、含有稀土、生长激素的叶面肥料等，放射性元素含量如超过国家规定的标准不仅污染土壤，还会造成农产品污染，殃及人类健康。土壤被放射性物质污染后，通过放射性衰变，能产生 α、β、γ 射线。这些射线能穿透人体组织，使机体的一些组织细胞死亡。这些射线对机体既可造成外照射损伤，又可通过饮食或吸收进入人体，造成内照射损伤，使受害人头昏、疲乏无力、脱发、白细胞减少或增多、癌变等。

　　还有一些矿粉肥、矿渣肥、垃圾肥、叶面肥、专用肥、微肥等肥料中均不同程度地含有些有毒有害的物质，如常见的有砷、镉、铅、铬、汞等，俗称"五毒元素"，它们不仅在土壤环境中容易富集，而且还非常容易在植株体内、人体内造成积累，影响作物生长和人类健康。如土壤中汞含量过高，会抑制夏谷的生长发育，使其株高、叶面积、干物重及产量降低。这些肥料大量的施用会造成土壤耕地重金属的污染。土壤被有毒化学物质污染后，对人体所产生的影响大部分都间接的，主要是通过农作物、地面水或地下水对人体产生负面影响。

　　（2）肥料对土壤的生物性污染：未作无害化处理的人畜粪尿、城市垃圾、食品工业废渣、污水污泥等有机废弃物制成的有机肥料或一些微生物肥料直接施入农田会使土壤受到病原体和杂菌的污染。这些病原体包括各种病毒、病菌、有害杂菌，甚至一些大肠杆菌、寄生虫卵等，它们在土壤中生存时间较长，如痢疾杆菌能在土壤中生存 22～142 天，结核杆菌能生存 1 年左右，蛔虫卵能生存 315～420 天，沙门氏菌能生存 35～70 天等。它们可以通过土壤进入植物体内，使植株产生病变，影响其正常生长或通过农产品进入人体，给人类健康造成危害。

　　还有一引起病毒性粪便是一些病虫害的诱发剂，如鸡粪直接施入土壤，极易诱发地老虎，进而造成对植物根系的破坏。此外，被有机废弃物污染的土壤，是蚊蝇孳生和鼠类系列的场所，不仅带来传染病，还能阻塞土壤孔隙，破坏土壤结构，影响土壤的自净能力，危害作物正常生长。

　　（3）肥料对土壤的物理污染：土壤的物理污染易被忽视。其实肥料对土壤的物理污染经常可见。如生活垃圾、建筑垃圾未作分筛处理或无害化处理制成的有机肥中含有大量金属碎片、玻璃碎片、砖瓦水泥碎片、塑料薄膜、橡胶、废旧电池等不易腐烂物品，进入土壤后不仅影响土壤结构性、保水保肥性、土壤耕性，甚至使土壤质量下降、农产品数量锐减、品质下降，严重者使生态环境恶化。据统计城市人均 1 天产生 1 千克左右的生活垃圾，这引起生活垃圾中有 1/3 物质不易腐烂，若将这些垃圾当作肥料直接施入土壤，那将是巨大的污染源。

　　2. 肥料对水体的污染　　海洋赤潮，是当今国家研究的重大课题之一。国家环保总局 1999 年中国环境状况公告：我国近岸海域海水污染严重，1999 年，中国海域共记录到 15 起赤潮。赤潮的频繁发生引起了政府与科学界的极大关注。赤潮的主要污染因子是无机氮和活性磷酸盐。氮、磷、碳、有机物是赤潮微生物的营养物质，为赤潮微生物的系列繁殖提供了物质基础。铁、锰等物质的加入又可以诱发赤潮微生物的繁殖。所以，施肥不当是加速这一过程的重要因素。

　　在肥料氮、磷、钾三要素中，磷、钾在土壤中易被吸附或固定，而氮肥易被淋失。所以，施肥对水体的污染主要是氮肥的污染。地下水中硝态氮含量的提高与施肥有着密切关系。我国的地下水多数由地表水作为补给水源，地表水污染，势必会影响到地下水水质，地下水一旦受污染后，要恢复是十分困难的。

　　3. 施肥对大气的污染　　施用化肥所造成的大气污染物主要有 NH_3、NO_x、CH_4、恶臭及重金属微粒、病菌等。在化肥中，碳酸氢铵中有氨的成分。氨是极易发挥的气态物质，喷施、撒施或覆土较浅时均易造成氨的挥发，从而造成空气中氨的污染。NH_3 受光照射或硝化作用生成 NO_x，NO_x 是光污染物质，其危害更为严重。

叶面肥和一些植物生长调节剂不同程度地含有一些重金属元素，如镉、铅、镍、铬、锰、汞、砷、氟等，虽然它们的浓度很低，通过喷施散发在大气中，直接造成大气的污染，危害人类。

有机肥或堆沤肥中的恶臭、病原微生物或者直接散发出让人头晕眼花的气体或附着在灰尘微粒上对空气造成污染。

这些大气污染物不仅对人体眼睛、皮肤有刺激作用，其臭味可引起感官性状的不良反应，还会降低大气能见度，减弱太阳辐射强度，破坏绿色，腐蚀建筑物，恶化居民生活环境，影响人体健康。

4. 施肥对农产品的污染　施肥对农产品的污染首先是表现在不合理施肥致使农产品品质下降，出口受阻，削弱了我国农产品在国际市场的竞争力。被污染的农产品还会以食物链传递的形式危害人类健康。

近年来，随着化肥仍是的逐年增和不合理搭配，农产品品质普遍呈下降趋势。如粮食中重金属元素超标、瓜果的含糖量下降、苹果的苦痘病、番茄的脐腐病的发病率上升，棉麻纤维变短，蔬菜中硝酸盐、亚硝酸盐的污染日趋严重，食品的加工、储存性变差。

施肥对农产品污染的另一个表现是其对农产品生物特性的影响。肥料中的一些生物污染物在污染土壤、大气、水体的同时也会感染农作物，使农作物各种病虫害频繁发生，严重影响了农作物的正常生长发育，致使产量锐减品种下降。

从沁水县目前施肥品种和数量来看，蔬菜生产上有施肥数量多、施肥比例不合理及不正确的施肥方式等问题，因而造成蔬菜品质下降、地下水水质变差、土壤质量变差等环境问题。

二、农药对农田的影响

（一）农药施用品种及数量

从农户调查情况看，沁水县施用的农药主要有以下几个种类：有机磷类农药，平均亩施用量 42.6 克；氨基甲酸酯类农药，平均亩施用量 30 克；菊酯类农药，平均亩施用量 32 克；杀虫剂，平均亩施用量 45 克；除草剂，平均亩施用量 34 克。

（二）农药对农田质量的影响

农药是防治病虫害和控制杂草的重要手段，也是控制某些疾病的病媒昆虫（如蚊、蝇等）的重要药剂。但长期和大量使用农药，也造成了广泛的环境污染。农药污染对农田环境与人体健康的危害，已逐渐引起人们的重视。

当前使用的农药，按其作用来划分，有杀虫剂、杀菌剂和除草剂等，按其化学组成划分，有有机氯、有机磷、有机汞、有机砷和氨基甲酸酯等几大类。由于农药种类多，用量大，农药污染已成为环境污染的一个重要方面。

1. 对环境的污染　农药是一种微量的化学环境污染物，它的使用对空气、土壤和水体造成污染。

2. 对健康的危害　环境中的农药，可通过消化道、呼吸道和皮肤等途径进入人体，对人类健康产生各种危害。

3. 沁水县农药使用所造成的主要环境问题　沁水县施用农药品种多、数量多，因而造成的环境问题也较多，归纳起来，主要有以下 5 种：

（1）农药施入大田后直接污染土壤，造成土壤农残污染。

（2）造成地下水的污染。

（3）造成农产品质量降低。

（4）破坏大田内生态系统的稳定与平衡。

（5）对土壤微生物群落形成一定程度的抑制作用。

第五节　耕地环境质量评价及对策建议

根据此次农业污染源普查结果，结合沁水县农村经济发展趋势，我们认为，要确保农村经济持续、稳定、快速、健康发展，必须统筹规划、合理布局，制订一套要金山银山有绿水青山的合理发展规划，在发展农村经济同时必须考虑环境因素，综合发展，协调发展，保持生态平衡，发展绿色产业。

一、合理规划、合理布局

在发展农村经济时必须立足长远、着眼现状。一方面种植业必须立足本地，因地制宜，发展地方特色，市场潜力大，高产、高效、优质、生态农业；另一方面必须规划好畜禽养殖特别是养猪产业和水产养殖业，便于集中处理，有效治理，把污染降到最低程度。

二、科学生产、科学治理

1. 种植业　一方面推广应用测土配方施肥等技术，减少肥料浪费，减少病虫害发生，对病虫害以预防为主，治理为辅，减少农药使用，有效回收废旧物，可降低环境污染；另一方面发展绿色生态农业，多使用有机生物肥、生物药。

2. 畜禽养殖业　大力推广发展沼气工程，有效分解废水、废渣，合理利用能源。

3. 水产养殖业　拓宽养殖种类，扩大食物链，有效使用资源。

4. 种植业、畜禽养殖业和水产养殖业综合发展，推广立体模式，集种植、畜禽养殖、水产养殖于一体，有效利用各种资源，协调发展，可最大限度降低环境污染，有效保护环境。

第六章　中低产田类型、分布及改良利用

第一节　中低产田类型及分布

中低产田是指存在各种制约农业生产的土壤障碍因素，导致单位面积产量相对低而不稳定的耕地。

通过对沁水县耕地地力状况的调查，根据土壤主导障碍因素的改良主攻方向，依据中华人民共和国农业部发布的行业标准 NY/T 310—1996，引用山西省耕地地力等级划分标准，结合实际进行分析，沁水县中低产田包括如下 3 个类型：干旱灌溉型、坡地梯改型、瘠薄培肥型。中低产田面积为 385 922.26 亩，占总耕地面积的 79.46%。各类型面积情况统计见表 6-1。

表 6-1　沁水县中低产田各类型面积情况统计

类　型	面积 （亩）	占总耕地面积 （%）	占中低产田面积 （%）
坡地梯改型	244 982.23	50.44	63.46
干旱灌溉型	24 628.13	5.07	6.40
瘠薄培肥型	116 311.90	23.95	30.14
合　　计	385 922.26	79.46	100

一、坡地梯改型

坡地梯改型是指主导障碍因素为土壤侵蚀，以及与其相关的地形，地面坡度、土体厚度，土体构型与物质组成，耕作熟化层厚度与熟化程度等，需要通过修筑梯田埂等田间水保工程加以改良治理的坡耕地。

沁水县坡地梯改型中低产田面积为 24.5 万亩，占总耕地面积的 50.44%，共有 9 119 个评价单元。分布在全县 14 个乡（镇）的丘陵低山中、下部及坡麓平坦地和低山丘陵坡地，中东部乡（镇）沟谷地、河流宽谷阶地和河流一级、二级阶地有少量分布。

二、干旱灌溉改良型

干旱灌溉改良型是指由于气候条件造成的降雨不足或季节性出现不均，又缺少必要的调蓄手段，以及地形、土壤性状等方面的原因，造成的保水蓄水能力的缺陷，不能满足作物正常生长所需的水分需求，但又具备水源开发条件，可以通过发展灌溉加以改良的耕地。

沁水县干旱灌溉型中低产田面积 2.46 万亩，占总耕地面积的 5.07%，共有 832 个评

价单元。主要分布龙港镇的杏峪片、马邑村、里必村；郑庄镇的王必片；固县镇的南河村、安上村、固县村；柿庄镇的算峪村、下泊村、张村；地形部位主要为河流宽谷阶地、低山丘陵坡地、丘陵低山中下部及坡麓平坦地。

三、瘠薄培肥型

瘠薄培肥型是指受气候、地形条件限制，造成干旱、缺水、土壤养分含量低、结构不良、投肥不足、产量低于当地高产农田，只能通过连年深耕、培肥土壤、改革耕作制度，推广旱农技术等长期性的措施逐步加以改良的耕地。

沁水县瘠薄培肥型中低产田面积为 11.63 万亩，占耕地总面积的 23.95％，共有 6 652 个评价单元。全县 14 个乡（镇）均有零星分布，主要分布于中村、土沃、张村、柿庄、十里 5 个乡（镇）的山地、丘陵（中、下）部的缓坡地段、低山丘陵坡地、沟谷地、黄土垣、梁。

第二节　生产性能及存在问题

一、坡地梯改型

该类型区地面坡度＞10°，以中度侵蚀为主，园田化水平较低，土壤类型为褐土、棕壤、粗骨土、红黏土、新积土，土壤母质为洪积物、黄土质母质和红土质母质，耕层质地为中壤、重壤，质地构型有均质中壤、均质重壤，有效土层厚度大于 150 厘米，耕层厚度 18～30 厘米，地力等级多为 5～7 级，耕地土壤有机质含量 18.81 克/千克，全氮 1.14 克/千克，有效磷 12.4 毫克/千克，速效钾 167.83 毫克/千克。存在的主要问题是地块狭窄，面积较小，分布零碎，土质粗劣，土壤干旱瘠薄、耕层浅，养分不足，水土流失比较严重。

二、干旱灌溉改良型

该类型区耕地土壤耕性良好，宜耕期长，保水保肥性能较好。土壤类型为褐土、潮土，土壤母质为洪积物和黄土母质，地面坡度 0°～8°，园田化水平较高，有效土层厚度 120～150 厘米。耕层厚度 20～35 厘米，耕层质地多为中壤、重壤、沙壤，地力等级为 4～6 级。存在的主要问题是干旱缺水，地下水源缺乏，水利条件差，施肥水平低，管理粗放，产量不高。

干旱灌溉改良型土壤有机质含量 18.18 克/千克，全氮 1.09 克/千克，有效磷 12.86 毫克/千克，速效钾 181.61 毫克/千克。

三、瘠薄培肥型

该类型区域土壤轻度侵蚀或中度侵蚀，多数为旱耕地，高水平梯田和缓坡梯田居多，各种地形均有，土壤类型是褐土、粗骨土、石质土、红黏土、新积土，成土母质为洪积物、黄土、黏土、红黄土、黄土状物质，有效土层厚度为 20～150 厘米，耕层厚度为15～30 厘米，地力等级为 4～7 级，耕层养分含量有机质 18.03 克/千克，全氮 1.13 克/千克，有效磷 12.91 毫克/千克，速效钾 164.36 毫克/千克。存在的主要问题是田面不平，水土流失严重，耕层厚度不一，干旱缺水，土质粗劣，肥力较差。

全县中低产田各类型土壤养分含量平均值情况统计见表 6-2。

表 6-2　沁水县中低产田各类型土壤养分含量平均值情况统计

类　　型	有机质 （克/千克）	全氮 （克/千克）	有效磷 （毫克/千克）	速效钾 （毫克/千克）
坡地梯改型	18.81	1.14	12.40	167.83
干旱灌溉改良型	18.18	1.09	12.86	181.61
瘠薄培肥型	18.03	1.13	12.91	164.36
总计平均值	18.34	1.12	12.72	171.27

第三节　改良利用措施

沁水县中低产田面积 38.59 万亩，占现有耕地的 79.56%。严重影响全县农业生产的发展和农业经济效益，应因地制宜进行改良。

总体上讲，中低产田的改良、耕作、培肥是一项长期而艰巨的任务。通过工程、生物、农艺、化学等综合措施，消除或减轻中低产田土壤限制农业产量提高的各种障碍因素，提高耕地基础地力，其中耕作培肥对中低产田的改良效果是极其显著的。具体措施如下：

1. 施有机肥　增施有机肥，增加土壤有机质含量，改善土壤理化性状并为作物生长提供部分营养物质。据调查，有机肥的施用量达到每年 2 000～3 000 千克/亩，连续施用 3 年，可获得理想效果。主要通过秸秆还田和施用堆肥厩肥、人粪尿及禽畜粪便来实现。

2. 平衡施肥　依据当地土壤实际情况和作物需肥规律选用合理配比，有效控制化肥不合理施用对土壤性状的影响，达到提高农产品品质的目的。

（1）巧施氮肥：速效性氮肥极易分解，通常施入土壤中的氮素化肥的利用率只有 25%～50%，或者更低。这说明施入土壤中的氮素，挥发渗漏损失严重。所以，在施用氮素化肥时，一定注意施肥方法施肥量和施肥时期，提高氮肥利用率，减少损失。

（2）重施磷肥：土壤中的磷常被固定，而不能发挥肥效。加上部分群众重氮轻磷，作物吸收的磷得不到及时补充。试验证明，在缺磷土壤上增施肥磷增产效果明显。要提倡集中施用和增施人粪尿与骡马粪堆沤肥，其中的有机酸和腐殖酸能促进非水溶性磷的溶解，提高磷素的活力。

（3）因地施用钾肥：沁水县土壤中钾的含量虽然在短期内不会成为限制农业生产的主要因素，但随着农业生产进一步发展和作物产量的不断提高，土壤中的有效钾的含量也会处于不足状态。所以，在生产中，应定期监测土壤中钾的动态变化，及时补充钾素。

（4）重视施用微肥：作物对微量元素肥料需要量虽然很小，但能提高产品产量和品质，有其他大量元素不可替代的作用。据调查，全县土壤硼、锌、锰、铁等含量均不高，近年来棉花施硼、玉米施锌试验，增产效果均很明显。

然而，不同的中低产田类型有其自身的特点，在改良利用中应针对这些特点，采取相应的措施，现分述如下：

一、坡地梯改型中低产田的改良作用

1. 梯田工程　对地面坡度≥15°以上的坡地梯改型中低产田，采取水平修筑梯田梯埂等田间水保工程，可以减少坡长，使地面平整，变降雨的坡面径流为垂直入渗，防止土、肥、水的流失，变"三跑田"为"三保田"，增强土壤水分储备和抗旱能力。根据地形和地貌特征，进行详细的测量规划，计算土方量，绘制规划图。涉及内容包括里切外垫、整修地埂。

（1）里切外垫操作规程：一是就地填挖平衡，土方不进不出；二是平整后从外到内要形成1°的坡度。

（2）修筑田埂操作规程：要求地埂截面为梯形，上宽0.3米，下宽0.4米，高0.5米，其中有0.25米在活土层以下。

2. 增加梯田土层及耕作熟化层厚度　新建梯田的土层厚度相对较薄，耕作熟化程度较低。梯田土层厚度及耕作熟化层厚度的增加是这类田地改良的关键。梯田土层厚度的一般标准为：土层厚大于80厘米，耕作熟化层大于20厘米，有条件的应达到土层厚大于100厘米，耕作熟化层厚度大于25厘米。

3. 玉米秸秆覆盖还田技术　利用秸秆还田机，把玉米粉碎还田，亩用玉米秸秆500千克，或采用整秆覆盖于地表、沟埋使秸秆埋入地里，并增施氮肥（尿素）2.5千克，撒于地面，深翻入土。

4. 测土配方施肥技术　根据化验结果、土壤供肥性能、作物需肥特性、目标产量、肥料利用率等因子，拟定玉米配方施肥方案如下：>500千克/亩，纯氮（N）、磷（P_2O_5）、钾（K_2O）为12-8-5千克/亩；400～500千克/亩，纯氮、磷、钾为10-6-4千克/亩；<400千克/亩，纯氮、磷、钾为8-5-3千克/亩。

5. 施用抗旱保水剂技术　玉米播种前，用抗旱保水剂1.5千克与有机肥均匀混合施入土中，或于玉米生长期进行多次喷施。

6. 增施硫酸亚铁熟化技术　经过里切外垫后的地块，采用土壤改良剂硫酸亚铁进行土壤熟化。动土方量小的地块，每亩用硫酸亚铁20～30千克，动土方量大的地块，每亩用30～40千克。

7. 农、林、牧并重　陡坡耕地今后的利用方向应是农、林、牧并重，因地制宜，全面发展。此类耕地应发展种草、植树，扩大林地和草地面积，促进养殖业发展，将生态效益和经济效益结合起来，如实行农（果）林复合农业。

二、干旱灌溉改良型中低产田的改良利用

1. 水源开发及调蓄工程　干旱灌溉型中低产田地处位置，具备水资源开发条件。在这类地区增加适当数量的水井、修筑一定数量的调水、蓄水工程，以保证一年一熟地浇水3～4次，毛灌定额 300～400 立方米/亩，一年两熟地浇水 4～5 次，毛灌定额 400～500 立方米/亩。

2. 田间工程及平整土地　一是平田整地采取小畦浇灌，节约用水，扩大浇水面积；二是积极发展管灌、滴灌，提高水的利用率；三是河流宽谷阶地、低山丘陵坡地要适量增加深井外，通过提水灌溉，扩大灌溉面积。

三、瘠薄培肥型中低产田的改良利用

1. 平整土地与条田建设　将平坦垣面及缓坡地规划成条田，平整土地，以蓄水保墒。有条件的地方，开发利用地下水资源或打旱井蓄住地表水，实行节水灌溉，由中低产田变成高产田。通过水土保持和提高水资源开发水平，发展粮菜生产。

2. 实行水保耕作法　在平川区推广地膜覆盖、生物覆盖等旱农技术；山地、丘陵推广丰产沟田或整秆覆盖、整秆沟埋技术，有效保持土壤水分，满足作物需求，提高作物产量。

3. 测土配方施肥技术　根据化验结果、土壤供肥性能、作物需肥特性、目标产量、肥料利用率等因子，拟定玉米配方施肥方案如下：＞500 千克/亩，纯氮（N）、磷（P_2O_5）、钾（K_2O）为 12 - 8 - 5 千克/亩；400～500 千克/亩，纯氮、磷、钾为 10 - 6 - 4 千克/亩；＜400 千克/亩，纯氮、磷、钾为 8 - 5 - 3 千克/亩。

4. 深耕增厚耕作层技术　采用 60 拖拉机悬挂深耕深松犁或带 4～6 铧深耕犁，在玉米收获后进行土壤深松耕，要求耕作深度 30 厘米以上。

5. 大力兴建林带植被　因地制宜地造林、种草与农作物种植有效结合，兼顾生态效益和经济效益，发展复合农业。

第七章 耕地地力评价与测土配方施肥

第一节 测土配方施肥的原理与方法

一、测土配方施肥的含义

测土配方施肥是以土壤测试和田间肥料试验为基础，根据作物需肥规律和特点、土壤供肥性能和肥料效应，在合理施用有机肥料的基础上，提出氮、磷、钾及中、微量元素等肥料的施用量、施肥时期和施用方法。通俗地讲，就是应用各项先进技术措施来科学施用配方肥料。测土配方施肥技术的核心就是调节和解决作物需肥与土壤供肥之间的矛盾，同时有针对性地补充作物所需的营养元素，做到作物需要什么元素、土壤中缺什么元素就施什么元素，需要多少、差多少就补多少，实现各种养分平衡供应，满足作物的需要，达到提高肥料利用率和减少用量，提高作物产量，改善农产品质量，节支增效的目的。

二、应用前景

土壤有效养分是作物营养的主要来源，施肥是补充和调节土壤养分数量与补充作物营养最有效手段之一。作物因其种类、品种、生物学特性、气候条件以及农艺措施等诸多因素的影响，其需肥规律差异较大。因此，及时了解不同作物种植土壤中的土壤养分变化情况，对于指导科学施肥具有重要的现实意义。

测土配方施肥是一项应用性很强的农业科学技术，在农业生产中大力推广应用，对促进农业增效、农民增收具有十分重要的作用。通过测土配方施肥的实施，能达到5个目标：一是节肥增产。在合理施用有机肥的基础上，提出合理的化肥投入量，调整养分配比，使作物产量在原有基础上能最大限度地发挥其增产潜能；二是提高产品品质。通过田间试验和土壤养分化验，在掌握土壤供肥状况，优化化肥投入的前提下，科学调控作物所需养分的供应，达到改善农产品品质的目标；三是提高肥效。在准确掌握土壤供肥特性，作物需肥规律和肥料利用率的基础上，合理设计肥料配方，从而达到提高产投比和增加施肥效益的目标；四是培肥改土。实施测土配方施肥必须坚持用地与养地相结合、有机肥与无机肥相结合，在逐年提高作物产量的基础上，不断改善土壤的理化性状，达到培肥和改良土壤，提高土壤肥力和耕地综合生产能力，实现农业可持续发展；五是生态环保。实施测土配方施肥，可有效地控制化肥特别是氮肥的投入量，提高肥料利用率，减少肥料的面源污染，避免因施肥引起的富营养化，实现农业高产和生态环保相协调的目标。

三、测土配方施肥的依据

（一）土壤肥力是决定作物产量的基础

肥力是土壤的基本属性和质的特征，是土壤从养分条件和环境条件方面，供应和协调作物生长的能力。土壤肥力是土壤的物理、化学、生物学性质的反映，是土壤诸多因子共同作用的结果。农业科学家通过大量的田间试验和示踪元素的测定证明，作物产量的构成，有40%~80%的养分吸收自土壤。养分吸自土壤养分比例大小和土壤肥力的高低有着密切的关系，土壤肥力越高，作物吸自土壤养分的比例就越大；相反，土壤肥力越低，作物吸自土壤的养分越少，那么肥料的增产效应相对增大，但土壤肥力低绝对产量也低。要提高作物产量，首先要提高土壤肥力，而不是依靠增加肥料。因此，土壤肥力是决定作物产量的基础。

（二）有机与无机相结合、大中微量元素相配合

用地与养地相结合是测土配方施肥的主要原则，实施配方施肥必须以有机肥为基础，土壤有机质含量是土壤肥力的重要指标。增施有机肥可以增加土壤有机质含量，改善土壤理化、生物性状，提高土壤保水保肥性能，增强土壤活性，促进化肥利用率的提高，各种营养元素的配合才能获得高产稳产。要使作物—土壤—肥料形成物质和能量的良性循环，必须坚持用养结合，投入、产出相对平衡，保证土壤肥力的逐步提高，达到农业的可持续发展。

（三）测土配方施肥的理论依据

测土配方施肥是以养分归还（补偿）学说、最小养分律、同等重要律、不可代替律、肥料效应报酬递减律和因子综合作用律等为理论依据，以确定不同养分的施肥总量和配比为主要内容。

1. 养分归还（补偿）学说 作物产量的形成有40%~80%的养分来自土壤，但不能把土壤看作一个取之不尽、用之不竭的"养分库"。依靠施肥，可以把被作物吸收的养分"归还"土壤，确保土壤肥力。

2. 最小养分律 作物生长发育需要吸收各种养分，但严重影响作物生长、限制作物产量的是土壤中那种相对含量最小的养分因素，也就是最缺的那种养分（最小养分）。如果忽视这个最小养分，即使继续增加其他养分，作物产量也难以再提高。

3. 同等重要律 对农作物来讲，不论大量元素或微量元素，都是同样重要缺一不可的，即使缺少某一种微量元素，尽管它的需要量很少，仍会影响某种生理功能而导致减产。微量元素与大量元素同等重要，不能因为需要量少而忽略。

4. 不可替代律 作物需要的各营养元素，在作物体内部有一定功效，相互之间不能替代。如缺磷不能用氮代替，缺钾不能用氮、磷配合代替。缺少什么营养元素，就必须施用含有该元素的肥料进行补充。

5. 报酬递减律 当施肥量超过适量时，作物产量与施肥量之间的关系就不再是曲线模式，而是抛物线模式了，单位施肥量的增产会呈递减趋势。

6. 因子综合作用律 作物产量高低是由影响作物生长发育诸因子综合作用的结果，

但其中必有一个起主导作用的限制因子，产量在一定程度上受该限制因子的制约。为了充分发挥肥料的增产作用和提高肥料的经济效益，一方面，施肥措施必须与其他农业技术措施密切配合，发挥生产体系的综合功能；另一方面，各种养分之间的配合施用，也是提高肥效不可忽视的问题。

四、测土配方施肥确定施肥量的基本方法

（一）土壤与植物测试推荐施肥方法

该技术综合目标产量法、养分丰缺指标法和作物营养诊断法的优点。对于大田作物，在综合考虑有机肥、作物秸秆利用和管理措施的基础上，根据氮、磷、钾和中、微量元素养分的不同特征，采取不同的养分优化调控与管理策略。其中，氮肥推荐根据土壤供氮状况和作物需氮量，进行实时动态监测和精确调控，包括基肥和追肥的调控；磷、钾肥通过土壤测试和养分平衡进行监控；中、微量元素采用因缺补缺的矫正施肥策略。该技术包括氮素实时监控、磷钾养分恒量监控和中、微量元素养分矫正施肥技术。

1. 氮素实时监控施肥技术　基肥用量根据不同土壤、不同作物、不同目标产量确定作物的需氮量，以需氮量的30％～60％作为基肥用量。具体基施比例根据土壤全氮含量，同时参照当地丰缺指标来确定。一般在全氮含量偏低时，采用需氮量的50％～60％作为基肥；全氮含量居中时，采用需氮量的40％～50％作为基肥；全氮含量偏高时，采用需氮量的30％～40％作为基肥。30％～60％基肥比例可根据上述方法确定。并且通过"3414"试验进行校验，建立当地不同作物的施肥指标体系。

有条件的地区可在播种前对0～20厘米土壤无机氮进行监测，调节基肥用量。

$$基肥用量（千克/亩）=\frac{（目标产量需氮量－土壤无机氮）\times（30\%～60\%）}{肥料中养分含量\times肥料当季利用率}$$

其中：土壤无机氮（千克/亩）＝土壤无机氮测试值（毫克/千克）×0.15×校正系数

氮肥追肥用量推荐以作物关键生育期的营养状况诊断或土壤硝态氮的测试为依据，测试项目主要是土壤全氮含量、土壤硝态氮含量或者小麦拔节期茎基部硝酸盐浓度、玉米最新展开叶叶脉中部硝酸盐浓度。

2. 磷钾肥养分恒量监控施肥技术　磷肥用量基本思路是根据土壤有效磷测试结果和养分丰缺指标进行分级，当有效磷水平处于中等偏上时，可以将目标产量需要量的100％～110％作为当季磷用量；随着有效磷含量的增加，需要减少磷用量，直至不施；而随着有效磷含量的降低，需要适当增加磷用量；在极缺磷的土壤上，可以施到需要量的150％～200％。在2～4年后再次测土时，根据土壤有效磷和产量的变化再对磷肥用量进行调整。钾肥用量首先要确定施用钾肥是否有效，再参照上面的方法确定钾肥的用量，但需要考虑有机肥和秸秆还田带入的钾肥量。一般大田作物磷钾肥全部做基肥。

3. 中、微量元素养分矫正施肥技术　中、微量元素养分的含量变幅大，作物对其需要量也各不相同。主要与土壤特性、作物种类和产量水平等有关。矫正施肥就是通过测试评价土壤中、微量元素养分的丰、缺状况，进行有针对性的因缺补缺的施肥。

（二）肥料效应函数法

根据"3414"田间试验结果建立当地主要作物的肥料效应函数，直接获得某一区域、某种作物的氮、磷、钾肥料最佳施用量，为肥料配方和施肥推荐提供依据。

（三）土壤养分丰缺指标法

通过土壤养分测试结果和田间肥效试验结果，按照相对产量低于50％的土壤养分为极低，50％～75％为低，75％～95％为中，大于95％为高，从而确定适用于某一区域、某种作物的土壤养分丰缺指标。在建立了土壤养分丰缺指标后，需要建立针对不同肥力水平的推荐施肥量。一般步骤是：

（1）将每个试验的产量和施肥量进行回归分析，建立肥料效应函数。

（2）通过边际分析，计算每个试验点的最佳施肥量。

（3）多年多点的结果按照高、中、低肥力水平进行汇总，计算不同肥力水平下的推荐施肥量和上、下限，这样就可以获得推荐施肥指标，进行施肥推荐。

（四）养分平衡法

1. 基本原理与计算方法　根据作物目标产量需肥量与土壤供肥量之差估算目标产量的施肥量，通过施肥补足土壤供应不足的那部分养分。目标产量确定后因土壤供肥量的确定方法不同，形成了地力差减法和土壤有效养分校正系数法两种。

地力差减法是根据作物目标产量与基础产量之差来计算施肥量的一种方法。其计算公式为：

$$施肥量（千克/亩）=\frac{（目标产量-基础产量）\times 单位经济产量养分吸收量}{肥料养分含量\times 肥量利用率}$$

基础产量即为"3414"试验方案中处理1的产量。

土壤有效养分校正系数法是通过土壤有效养分来计算施肥量。计算公式为：

$$施肥量（千克/亩）=\frac{\frac{作物单位产量}{养分吸收量}\times 目标产量-土壤测定值\times 0.15\times 土壤有效养分校正系数}{肥料养分含量\times 肥量利用率}$$

2. 有关参数的确定　5个参数：目标产量、作物需肥量、土壤供肥量、肥料利用率、肥料养分含量

——目标产量

目标产量可采用平均单产法来确定。平均单产法是利用施肥区前3年平均单产和年递增率为基础确定目标产量，其计算公式是：

$$目标产量法（千克/亩）=（1+递增率）\times 前3年平均单产（千克/亩）$$

一般粮食作物的递增率为10％～15％，露地蔬菜为20％，设施蔬菜为30％。

——作物需肥量

通过对正常成熟的农作物全株养分的分析，测定各种作物百千克经济产量所需养分含量，乘以目标产量即可获得作物需肥量。

$$作物目标产量所需养分含量千克=\frac{目标产量（千克）}{100}\times 百千克产量所需养分含量（千克）$$

——土壤供肥量

土壤供肥量可以通过测定基础产量、土壤有效养分系数两种方法估算：

通过基础产量估算（处理 1 产量）：不施肥区作物所吸收的养分含量作为土壤供肥量。

$$土壤供肥量（千克）=\frac{不施养分区农作物产量（千克）}{100}\times 百千克产量所需养分含量（千克）$$

通过土壤有效养分较正系数估算：

土壤供肥量＝土壤测定值（毫克/千克）×0.15×校正系数

——肥料利用率

一般通过差减法来计算：利用施肥区作物吸收的养分含量减去不施肥区农作物吸收的养分量，其差值视为肥料供应的养分量，再除以所用肥料养分含量就是肥料利用率。

$$\frac{肥料利用率}{（\%）}=\frac{施肥区农作物吸收养分量（千克/亩）-缺素区农作物吸收养分量（千克/亩）}{肥料施用量（千克/亩）\times 肥料中养分含量（\%）}\times 100$$

上述公式以计算氮肥利用率为例来进一步说明。

施肥区（$N_2P_2K_2$ 区）农作物吸收养分量（千克/亩）："3414"方案中处理 6 的作物总吸氮量；

缺氮区（$N_0P_2K_2$ 区）农作物吸收养分量（千克/亩）："3414"方案中处理 2 的作物总吸氮量；

肥料施用量（千克/亩）：施用的氮肥肥料用量；

肥料中养分含量（％）：施用的氮肥肥料所标明的含氮量。如果同时使用了不同品种的氮肥，应计算所用的不同氮肥品种的总氮量。

——肥料养分含量

供施肥料包括无机肥料与有机肥料。无机肥料、商品有机肥料含量按其标明量，不明养分含量的有机肥料养分含量可参照当地不同类型有机肥养分平均含量获得。

第二节　测土配方施肥项目技术内容和实施情况

一、样品采集

沁水县 3 年共采集土样 3 600 个，覆盖全县 251 个行政村所有耕地。采样布点根据采样村耕地面积和地理特征确定点位和点位数→野外工作带上取样工具（土钻、土袋、调查表、标签、GPS 定位仪等）→联系村对地块熟悉的农户代表→到采样点位选择有代表性地块→GPS 定位仪定位→"S"型取样→混样→四分法分样→装袋→填写内外标签→填写采样点农户基本情况调查表→处理土样→填写送样清单→送化验室化验分析→化验分析结果汇总。

二、田间调查

根据项目要求，以村为单位，填写采样地块调查表 3 600 份，试验示范地块农户调查表 70 份，在对农户调查的同时，还采用随机等距的方法抽取 14 个乡（镇）的 113 个村300 个农户进行农户施肥情况调查，填写农户施肥情况调查表 300 份，初步掌握了全县耕地地力条件、土壤理化性状与施肥管理水平。并对 300 户测土配方施肥农户应用效果进行了评价。

三、分析化验

土壤和植株测试是测土配方施肥最为重要的技术环节，也是制定肥料配方的重要依据。全县采集的 3 600 个土样，植物籽粒样 150 个，共测试 39 700 项次。为制订施肥配方和田间试验提供了准确的基础数据。

测试方法简述：

pH：土液比 1∶2.5，采用电位法测定。

有机质：采用油浴加热重铬酸钾氧化容量法测定。

全磷：采用氢氧化钠熔融——钼锑抗比色法测定。

有效磷：采用碳酸氢钠浸提——钼锑抗比色法测定。

全钾：采用氢氧化钠熔融——火焰光度计法测定。

速效钾：采用乙酸铵浸提——火焰光度计法测定。

全氮：采用凯氏蒸馏法测定。

碱解氮：采用碱解扩散法测定。

缓效钾：采用硝酸提取——火焰光度法测定。

有效铜、锌、铁、锰：采用 DTPA 提取——原子吸收光谱法测定。

有效钼：采用草酸－草酸铵浸提——极谱法测定。

水溶性硼：采用沸水浸提——姜黄素比色法测定。

有效硫：采用氯化钙浸提——硫酸钡比浊法测定。

有效硅：采用柠檬酸浸提——硅钼蓝色比色法测定。

交换性钙和镁：采用乙酸铵提取——原子吸收光谱法测定。

阳离子交换量：采用 EDTA——乙酸铵盐交换法测定。

四、田间试验

按照山西省土壤肥料工作站制订的"3414"试验方案，围绕玉米安排"3414"试验70 个，并严格按照农业部《规范》要求执行。通过试验初步摸清了土壤养分校正系数、土壤供肥量、农作物需肥规律和肥料利用率等基本参数。建立了主要作物玉米的氮磷钾肥料效应模型，确定了玉米施肥品种和数量，基肥、追肥分配比例，最佳施肥时期和施肥方法，建立了玉米施肥指标体系，为配方设计和施肥指导提供了科学依据。

玉米"3414"试验操作规程如下：

根据沁水县地理位置、肥力水平和产量水平等因素，确定"3414"试验地点→土肥站技术人员编写试验方案→乡（镇）农技人员承担试验→玉米播前召开专题培训会→试验地基础土样采集与调查→规划地块小区→土肥站技术人员按区称肥→不同处理按照方案施肥播种→生育期和农事活动调查记载→收获期测产调查→小区植株籽粒取样→小区产量汇总

→室内考种→试验结果分析汇总→撰写试验报告。在试验中除了要求试验人员严格按照试验操作规程操作，做好有关记载和调查外，县土壤肥料工作站还在作物生长关键期组织人员到各试验点进行检查指导，确保试验成功。

五、配方制定与校正试验

根据土壤化验结果，结合试验数据，组织省、市有关专家，根据当地气候、土壤类型、土壤质地、种植结构、施肥习惯，进行了玉米配方设计。沁水县设计配方 4 个（N-P_2O_5-K_2O）比例：20-15-5、20-10-5、20-12-3、18-12-0），不同施肥区域进行大配方、小调整使用。另外，根据取样地块化验数据填写了 3 600 个精准小配方，为农民按方购肥、科学施肥提供了依据。3 年来，共安排玉米校正试验 70 个。通过校正试验可知配方施肥区比常规施肥区增产率 5.7%，利润率 117%；配方施肥区比常规施肥区亩平均节支增收 57 元。

六、配方肥加工与推广

玉米配方主要为高产田 N-P_2O_5-K_2O（20-15-5 和 20-10-5）；中产田 N-P_2O_5-K_2O（20-10-5 和 20-12-3）；低产田 N-P_2O_5-K_2O（18-12-0）。所用配方肥由晋城市泽锦生物科技有限公司生产和山西省晨雨科技开发连锁经营有限公司生产。3 年累计配方肥施用面积 45 万亩，推广配方肥 8 500 吨。

在配方肥推广上，主要是通过县、乡、村三级科技推广网络和沁水县供销联社强强联手，进行配方肥推广。县、乡、村三级科技推广网络主要进行技术培训和技术咨询，县供销联社负责下属 70 个农资连锁店及 30 个农家店供肥服务站的挂牌及销售监督，供肥服务站主要进行配方肥的供应。由于配方肥推广网络健全、分工明确，使本县配方肥推广销售体系健全，农民施用配方肥积极性高，效益明显。

七、数据库建设与地力评价

在数据库建设上，按照农业部规定的测土配方施肥数据字典格式建立数据库，以第二次土壤普查、耕地地力调查、土壤肥料田间试验和土壤监测数据资料为基础，收集整理了本次野外调查、田间试验和分析化验数据，委托山西农业大学资源环境学院建立土壤养分图和测土配方施肥数据库，并进行县域耕地地力评价。同时，开展了田间试验、土壤养分测试数据、肥料配方、专家咨询系统等方面的技术研发工作，不断提升测土配方施肥水平。

八、化验室建设与质量控制

沁水县原有化验室面积 30 平方米，经过扩建改装，现有化验室面积 200 平方米，实现了分室放置仪器、试剂、土样、资料等的需要，达到了项目要求。同时对化验室原有仪器设备进行了整理、分类、检修、调试，对化验室进行了重新布置，三相用电、排水管道、通风管等进行重新安装，缺乏的试剂、仪器通过政府采购中心进行了公开招标采购，新采购仪器有：原子吸收分光光度计、紫外可见光光度计、电导率仪、纯水器、真空干燥箱、1‰电子天平、1%电子天平、计算机、土样风干盘、土筛等先进仪器，使本县化验室具备了对土壤、植物、化肥等进行常规分析化验的能力。

九、技术推广应用

3 年来制作发放测土配方施肥建议卡 10 万份，其中 2010 年 5 万份，2011 年 3 万份，2012 年 2 万份。配方施肥建议卡入户率达到 100%，共建立万亩测土配方施肥示范区 2 个，分别是郑庄镇、柿庄镇，千亩示范区 25 个，百亩示范方 10 个。3 年来通过广播电视、网站、报刊、科技赶集、发放资料、入村、入户进行测土配方施肥技术宣传和培训，举办各类培训班 62 期次，培训技术骨干 5 000 人次，培训农民达到 10 万人次，培训肥料经销人员 500 人次，发放培训资料 10 万份；利用广播电视开展宣传 10 次，在《太行日报》、《今日沁水》上发表简报 20 余条，开现场会 30 次。通过宣传动员，使农民对测土配方施肥的意义和效果有了认识，对缺什么补什么，做到合理施肥、科学施肥有了更积极的行动；通过项目实施取得了较好的经济效益、社会效益和生态效益，极大地促进了本县农业生产的发展。

第三节　田间肥效试验及施肥指标体系建立

根据农业部及山西省农业厅测土配方施肥项目实施方案的安排和省土肥站制定的《山西省主要作物"3414"肥料效应田间试验方案》、《山西省主要作物测土配方施肥示范方案》所规定的标准，为摸清本县土壤养分校正系数，土壤供肥能力，不同作物养分吸收量和肥料利用率等基本参数；掌握农作物在不同施肥单元的优化施肥量，施肥时期和施肥方法；构建农作物科学施肥模型，为完善测土配方施肥技术指标体系提供科学依据。从 2010 年春播起，我们在大面积实施测土配方施肥的同时，安排实施了玉米试验 30 点次，示范 70 点次，取得了大量的试验数据，为下一步的测土配方施肥工作奠定了良好基础。

一、测土配方施肥田间试验的目的

田间试验是获得各种作物最佳施肥品种、施肥比例、施肥时期、施肥方法的唯一途径，也是筛选、验证土壤养分测试方法、建立施肥指标体系的基本环节。通过田间试验，掌握各个施肥单元不同作物优化施肥数量，基、追肥分配比例，施肥时期和施肥方法；摸清土壤养分较正系数、土壤供肥能力、不同作物养分吸收量和肥料利用率等基本参数；构建作物施肥模型，为施肥分区和肥料配方设计提供依据。

二、测土配方施肥田间试验方案的设计

（一）田间试验方案设计

按照农业部《规范》的要求，以及山西省农业厅土壤肥料工作站《测土配方施肥实施方案》的规定，根据本县主栽作物为玉米的实际，采用"3414"方案设计。

"3414"方案设计是指氮、磷、钾3个因素、4个水平、14个处理。4个水平的含义：0水平指不施肥；2水平指当地推荐施肥量；1水平为2水平的一半（该水平为减半施肥）；3水平为2水平的1.5倍（该水平为过量施肥）。玉米的 $N_2P_2K_2$ 为NPK小区随机排列，处理内容见表7-1。

（二）试验实施

1. 试验地点安排 分布在全县14个乡（镇）。

2. 试验品种 当地作物主栽品种。

3. 施肥方式 春玉米磷、钾肥全部、氮肥2/3作底肥，1/3氮肥在拔节期至大喇叭口期追施。

4. 选用肥料 尿素含N 46%，过磷酸钙含 P_2O_5 12%，硫酸钾含 K_2O 50%。

5. 试验田选择 一般试验地应选择地块平坦、整齐、均匀，具有代表性的不同肥力水平地块；坡地应选择坡度平缓，肥力差异较小的田块；试验地应避开道路、堆肥场所等特殊地块。

6. 试验准备 整地、设置保护行、试验地区划；试验前多点采集土壤样品2千克。依测试项目不同分别制备土样。

7. 试验重复与小区排列 为保证试验精度，减少人为因素、土壤肥力和气候因素的影响，"3414"完全试验不设重复。采用随机区组排列，区组内土壤、地形等条件应相对一致，区组间允许有差异。小区面积36平方米，小区宽度4米，长度9米。

8. 试验记载与测试 包括试验地基本情况、地址信息、位置信息、土壤分类信息、土壤信息、试验气象因素、施肥信息、生产管理信息、生育性状调查、试验地土壤养分测试等。

9. 收获期考种、测产与植株养分测试 包括考种项目、产量测算、植株养分分析等。

表7-1 "3414"完全试验方案内容

试验编号	处 理	N	P	K
1	$N_0P_0K_0$	0	0	0
2	$N_0P_2K_2$	0	2	2
3	$N_1P_2K_2$	1	2	2
4	$N_2P_0K_2$	2	0	2
5	$N_2P_1K_2$	2	1	2
6	$N_2P_2K_2$	2	2	2

（续）

试验编号	处　理	N	P	K
7	$N_2P_3K_2$	2	3	2
8	$N_2P_2K_0$	2	2	0
9	$N_2P_2K_1$	2	2	1
10	$N_2P_2K_3$	2	2	3
11	$N_3P_2K_2$	3	2	2
12	$N_1P_1K_2$	1	1	2
13	$N_1P_2K_1$	1	2	1
14	$N_2P_1K_1$	2	1	1

10. 试验统计分析　　田间调查和室内考种所得数据，全部按照肥料效应鉴定田间试验技术规程操作，利用 Excel 程序和"3414"田间试验设计与数据分析管理系统进行分析。

三、田间试验实施情况

（一）试验情况

1. "3414"完全试验　　沁水县共安排玉米"3414"肥效试验 30 个，其中 2009 年 10 个，主要设在郑庄镇的中乡村、河头村、庙坡村，十里乡的沟口村，柿庄镇的丁家村；2010 年 10 个，主要设在郑庄镇的郑庄村、弯则村，龙港镇的苏庄村，柿庄镇的柿庄村；2011 年 10 个，主要设在曲堤、樊庄、常店、后河、芦坡、向阳、王回、玉溪、豆庄和李庄 10 个村。

2. 校正试验　　沁水县共安排校正试验 70 个，其中，2009 年 20 个，主要设在里必、马邑、中村、杨圪坨、庙坡、中韩王、马头山、玉溪、元上、东峪；2010 年 20 个，主要设在柿庄、杏则、河北、西峪、西头、李庄、南瑶、永宁、石室、吕村；2011 年 30 个，主要设在曲堤、端氏、双塘、瑶沟、芦坡、孔必、张峰、许村、后河、轩底、上川、向阳、王回、七坡、豆庄、李庄、刘庄、潘庄、西坡、张庄、可封、南阳、算峪、宋家等村。

（二）试验示范效果

1. "3414"完全试验　　通过完全试验，获得了三元二次回归方程及氮、磷、钾一元二次方程，通过试验取得了本县土壤养分丰缺指标和校正系数等参数。

2. 校正试验　　通过 3 年玉米校正试验，可知配方施肥区比常规施肥区增产率 5.7%，利润率 117%。配方施肥区比常规施肥区亩节约肥料 1.9 千克，计 9.9 元；亩产量平均增加 36.5 千克，计 47.4 元，两项合计亩平均节支增收 57 元，从而可验证肥料配方可行。

四、初步建立了玉米测土配方施肥土壤养分丰缺指标体系

（一）初步建立了作物需肥量、肥料利用率、土壤养分校正系数等施肥参数

1. 作物需肥量　　通过对正常成熟的玉米全株养分的分析，可以得出玉米百千克经济

产量所需养分量。本县玉米 100 千克产量所需养分量为 N 为 2.51 千克、P_2O_5 为 0.63 千克、K_2O 为 2.14 千克（该结果需进一步试验验证）。玉米需肥量可用以下公式计算，计算公式为：

$$玉米需肥量 = \frac{目标产量}{100} \times 100 千克籽粒所需养分量$$

2. 土壤供肥量　土壤供肥量可以通过测定基础产量，土壤有效养分校正系数两种方法计算：

（1）通过基础产量计算：不施肥区作物所吸收的养分量作为土壤供肥量，计算公式：土壤供肥量＝［施肥养分区作物产量（千克）÷100］×100 千克产量所需养分量（千克）。

（2）通过土壤养分校正系数计算：将土壤有效养分测定值乘一个校正系数，以表达土壤"真实"的供肥量。

确定土壤养分校正系数的方法是：校正系数缺素区作物地上吸收该元素量/该元素土壤测定值×0.15。根据这个方法，初步建立了本县玉米不同土壤养分含量下的碱解氮、有效磷、速效钾的校正系数。

3. 肥料利用率　肥料利用率通过田间差减法来求出。方法是：利用施肥区作物吸收的养分量减去不施肥区作物吸收养分量，其差值为肥料供应的养分量，再除以所用肥料养分量就是肥料利用率。根据这个方法，能够得出本县玉米田肥料利用率。通过计算，氮肥利用率为 13.62％，磷肥利用率约为 11.98％，钾肥利用率约为 14.87％。

4. 玉米目标产量的确定方法　利用施肥区前三年平均单产和年递增率为基础确定目标产量，计算公式为：

目标产量（千克/亩）＝（1＋年递增率）×前 3 年平均单产（千克/亩）

玉米的递增率为 5％～10％为宜。

5. 施肥方法　在施肥方法上主要以集中施肥为主，采用沟施或穴施，磷肥可与有机肥一起施用。减少或杜绝撒施现象，以减少肥效的挥发与浪费。在施肥时期上要求农户在玉米播种前，如果缺磷地块要求底施磷肥可实行秋施肥，以便更好地利用磷肥的后效，提高磷肥的利用率；氮肥要一半或 2/3 底施，一半或 1/3 追肥，并且要尽量在玉米拔节期至大喇叭口期追施。补钾和锌地块都要求全部底施。改变本县的一炮轰或光追不施基肥现象，形成科学合理的施肥方式。

（二）初步建立了玉米丰缺指标体系

通过对各试验点相对产量与土测值的相关分析，按照相对产量达≥95％、95％～90％、90％～85％、85％～80％、<80％将土壤养分划分为"极高"、"高"、"中"、"低"、"极低" 5 个等级，初步建立了"沁水县玉米测土配方施肥丰缺指标体系"。同时，根据"3414"试验结果，采用一元模型对施肥量进行模拟，根据散点图趋势，结合专业背景知识，选用一元二次模型或线性加平台模型推算作物最佳产量施肥量。按照土壤有效养分分级指标进行统计、分析，求平均值及上下限。

第四节 玉米不同区域测土配方施肥技术

沁水县玉米常年种植面积稳定为 24 万亩左右，占全县耕地面积的 53％以上，玉米产量的高低直接关系着全县人民的生活安定和社会稳定。

一、玉米的需肥特征

1. 玉米对肥料三要素的需要量 玉米是需水肥较多的高产作物，一般随着产量提高，所需营养元素也在增加。玉米全生育期吸收的主要养分中，以氮最多，钾次之，磷较少。玉米对微量元素尽管需要量少，但不可忽视，特别是随着施肥水平提高，施用微肥的增产效果更加显著。

综合国内外研究资料，一般每生产 100 千克玉米籽粒，需吸收氮 2.2～4.2 千克、磷 0.5～1.5 千克、钾 1.5～4 千克，肥料三要素的比例约为 3：1：2。其中春玉米吸收氮、磷、钾分别为 2.57 千克、0.86 千克、2.14 千克。吸收量常受播种季节、土壤肥力、肥料种类和品种特性的影响。据全国多点试验，玉米植株对氮、磷、钾的吸收量常随产量的提高而增多。

2. 玉米对养分需求的特点 玉米吸收的矿质元素多达 20 余种，主要有氮、磷、钾三种大量元素，硫、钙、镁等中量元素，铁、锰、硼、铜、锌、钼等微量元素。

（1）氮：氮在玉米营养中占有突出地位。氮是植物构成细胞原生质、叶绿素以及各种酶的必要因素。因而氮对玉米根、茎、叶、花等器官的生长发育和体内的新陈代谢作用都会产生明显的影响。

玉米缺氮的特征是株型细瘦，叶色黄绿。首先是下部老叶从叶尖开始变黄，然后沿中脉伸展呈楔形（V），叶边缘仍呈绿色，最后整个叶片变黄干枯。缺氮还会引起雌穗形成延迟，甚至不能发育，或穗小、粒少、产量降低。

（2）磷：磷在玉米营养中也占重要地位。磷是核酸、核蛋白的必要成分，而核蛋白又是植物细胞原生质、细胞核和染色体的重要组成部分。此外，磷对玉米体内碳水化合物代谢有很大作用。由于磷直接参与光合作用过程，有助于合成双糖、多糖和单糖；磷促进蔗糖在植株体内运输；磷又是三磷酸腺苷和二磷酸腺苷的组成成分。这说明磷对能量传递和储藏都起着重要作用。良好的磷素营养，对培育壮苗、促进根系生长，提高抗寒、抗旱能力都具有实际意义。在生长后期，磷对植株体内营养物质运输、转化及再分配、再利用有促进作用。磷由茎、叶转移到果穗中，参与籽粒中的淀粉合成，使籽粒积累养分顺利进行。

玉米缺磷，幼苗根系减弱，生长缓慢，叶色紫红；开花期缺磷，抽丝延迟，雌穗受精不完全，发育不良，粒行不整齐；后期缺磷，果穗成熟推迟。

（3）钾：钾对维持玉米植株的新陈代谢和其他功能的顺利进行起着重要作用，因为钾能促进胶体膨胀，使细胞质和细胞壁维持正常状态，由此保证玉米植株多种生命活动的进行。此外，钾还是某些酶系统的活化剂，在碳水化合物代谢中起着重要作用。总之，钾对玉米生长发育以及代谢活动的影响是多方面的，如对根系的发育，特别是须根形成、体内淀粉合成、糖分运输、抗倒伏、抗病虫害都起着重要作用。

玉米缺钾，生长缓慢，叶片黄绿色或黄色。首先是老叶边缘及叶尖干枯呈灼烧状是其突出的标志，缺钾严重时，生长停滞、节间缩短、植株矮小，果穗发育不正常，常出现秃顶；籽粒淀粉含量减低，粒重减轻，容易倒伏。

（4）硼：硼能促进花粉健全发育，有利于授粉、受精，结实饱满。硼还能调节与多酚氧化酶有关的氧化作用。

缺硼时，在玉米早期生长和后期开花阶段植株呈现矮小，生殖器官发育不良，易成空秆或败育，造成减产。缺硼植株新叶狭长，叶脉间出现透明条纹，稍后变白变干；缺硼严重时，生长点死亡。

（5）锌：锌是对玉米影响比较大的微量元素，锌的作用在于影响生长素的合成，并在光合作用和蛋白质合成过程中，起促进作用。

玉米缺锌时，因生长素不足而细胞壁不能伸长，玉米植株发育甚慢，节间变短，幼苗期和生长中期缺锌，新生叶片下半部现淡黄色、甚至白色；叶片成长后，叶脉之间出现淡黄色斑点或缺绿条纹，有时中脉与边缘之间出现白色或黄色组织条带或是坏死斑点，此时叶面都呈现透明白色，风吹易折；严重缺锌时，开始叶尖呈淡白色泽病斑，之后叶片突然变黑，几天后植株完全死亡。玉米中后期缺锌，使抽雄期与雌穗吐丝期相隔日期加大，不利于授粉。

（6）锰：玉米对锰较为敏感。锰与植物的光合作用关系密切，能提高叶绿素的氧化还原电位，促进碳水化合物的同化，并能促进叶绿素形成。锰对玉米的氮素营养也有影响。

玉米缺锰，其症状是顺着叶片长出黄色斑点和条纹，最后黄色斑点穿孔，表示这部分组织破坏而死亡。

（7）钼：钼是硝酸还原酶的组成成分。缺钼将减低硝酸还原酶的活性，妨碍氨基酸、蛋白质的合成，影响正常氮代谢。

玉米缺钼症状是植株幼嫩叶首先枯萎，随后沿其边缘枯死；有些老叶顶端枯死，继而叶边和叶脉之间发展枯斑甚至坏死。

（8）铜：铜是玉米植株内抗坏血酸氧化酶、多酚氧化酶的成分，因而能促进代谢活动；铜与光合作用也有关系；铜又存在于叶绿体的质体蓝素中，它是光合作用电子供求关系体系的一员。

玉米缺铜，叶片缺绿，叶顶干枯，叶片弯曲、失去膨胀压，叶片向外翻卷。严重缺铜时，正在生长的新叶死亡。因铜能与有机质形成稳定性强的螯合物，所以高肥力地块易缺有效铜。

3. 玉米各生育期对三要素的需求规律　玉米苗期外界温度较低，生长缓慢，需营养量较少，以壮根、蹲苗为主；拔节至抽雄期，生长旺盛，穗分化发育加速，直到抽雄开花达到高峰，是玉米一生中养分需求量最多的时期，必须供应充足养分，达到穗大粒重；生育后期，籽粒灌浆期较长，仍须供应一定数量的养分，避免早衰，确保正常灌浆。春玉米需肥可分为两个关键时期，一是拔节至孕穗期；二是抽雄至开花期。玉米对肥料三要素的吸收如下：

（1）氮素的吸收：春玉米苗期至拔节期吸收的氮占总氮量的 9.24%，日吸量 0.22%；拔节期至授粉期吸收的氮占总氮量的 64.85%，日吸收量 2.03%；授粉至成熟期，吸收的氮占总氮量的 25.91%，日吸收量 0.72%。

（2）磷素的吸收：春玉米苗期至拔节期吸收的磷占总磷量的 4.3%，日吸收量 0.1%，这期吸磷虽少，但相对含量高，是玉米需磷的敏感期；拔节期至授粉期吸收磷占总磷量的 48.83%，日吸收量 1.53%；授粉至成熟期，吸收磷占总磷量的 46.87%，日吸收量 1.3%。

（3）钾素的吸收：春玉米苗期钾吸收积累速度慢、数量少，拔节前钾的累积量仅占总钾量的 10.97%，日累积量 0.26%；拔节后吸收量急剧上升，拔节到授粉期累积量占总钾量的 85.1%，日累积量达 2.66%。

二、高产栽培配套技术

1. 品种选择与处理　选用优质高产抗病耐密的品种，比如大丰 26、先玉 335、郑单 958 等。种子在播前进行包衣处理，以控制苗期玉米蚜、蛴螬及粗缩病的危害。

2. 秸秆覆盖还田　秋季玉米收获后，要及时进行秸秆覆盖还田。且根据不同的区域气候条件，西部乡（镇）主要实施玉米整秆覆盖还田、秸秆粉碎还田；东部乡（镇）实施整秆沟埋，以提高土壤肥力，得到用地与养地相结合，培肥地力的目的。

3. 实行密植　在 4 月 25 至 5 月 5 日，在地温稳定 10℃ 以上时，要趁墒完成播种，亩播量为 2.5～3 千克，采用大小行种植。一般大行距 80 厘米，小行距 50 厘米，株距 30～35 厘米，亩留苗 3 800～4 400 株。

4. 化学调控　抽雄期喷施玉米专用调控剂，缩短玉米上部节间，降株高、抗倒伏。

5. 病虫害综合防治　本县玉米生产中常见和多发的有害生物主要有玉米螟、大小斑病、丝黑穗病等，可以通过选用包衣种子、无公害杀虫剂和杀菌剂来防治，同时要注意采取倒茬、深耕等农业措施，可有效减少病虫害的发生。

6. 适时收获　在玉米完熟即乳线形成后收获。

三、玉米施肥技术

1. 中西部冷凉区　该区气候冷凉，土壤瘠薄，土层浅，种植品种以早中熟品种为主，产量低，玉米产量地膜覆盖地高产田为 400～500 千克/亩，中低产田产量低于 400 千克/亩。

（1）农家肥：建议全部实行秸秆－地膜二元双覆盖，做到秸秆还田；不还田的地块玉米亩施农肥 2 000 千克左右。

（2）氮、磷、钾肥：根据沁水县耕地土壤养分含量分级表，参考施肥如下表（表 7-2），磷、钾肥一次性底施，氮肥的 2/3 做底肥，1/3 做追肥。

2. 中东部低山丘陵小型盆地区　该区气候温暖，土层较厚，地面平坦，玉米种植品种以中、晚熟品种为主。是本县的主要粮食产区，玉米平均亩产量达到 550 千克左右。

（1）农家肥：建议全部实行整秆覆盖或整秆沟埋，做到秸秆还田；不还田的地块玉米亩施有机肥 2 000 千克左右。

（2）氮、磷、钾肥：根据肥力等级施肥（表 7 - 2），磷、钾肥一次性底施，氮肥的 2/3 做底肥，1/3 做追肥，在大喇叭口至抽雄期施入。实行氮肥追施适当后移。

3. 不同地力等级氮、磷、钾肥施用量（表 7 - 2）。

表 7 - 2　沁水县玉米测土配方施肥量参考

目标产量（千克）	耕地地力等级	氮（N）			磷（P₂O₅）			钾（KO₂）		
		低	中	高	低	中	高	低	中	高
600 以上	1～2	12～14	11～13	11～12	8～9	7～8	7	5～7	4～6	4～5
500～600	2～3	10～12	10～11	9～11	6～8	6～7	5～6	3～5	3～4	4
400～500	3～4	9～10	8～10	8～9	5～6	4～6	4～5	3～4	2～3	2～3
400 以下	3～4	7～8	6～7	5～7	4～5	3～5	3～4	2～3	1～2	0

4. 微肥用量的确定　当土壤中的有效锌含量为 1.0 毫克/千克时，就需要施用锌肥。沁水县土壤 28.8％的耕地缺锌，玉米对锌非常敏感，经试验，施用锌肥有显著的增产效果，有的增产达到 20％以上，锌已成为明显的限制因子，故配方施肥一定要考虑锌肥的作用，否则氮磷的增产效果得不到很好的发挥。常用锌肥有硫酸锌和氯化锌，基肥亩用量 0.5～2.5 千克，拌种 4～5 克/千克，浸种浓度 0.02％～0.05％。

第八章 耕地地力调查与质量评价应用研究

第一节 耕地资源合理配置研究

一、耕地数量平衡与人口发展配置研究

沁水县人多地少，耕地后备资源不足。1984年有耕地50.14万亩，人口数量达20.43万人，人均耕地仅为2.45亩。从耕地保护形势看，由于全县农业内部产业结构调整，退耕还林，山庄撂荒、公路、乡镇企业基础设施等非农建设占用耕地，导致耕地面积逐年减少，2011年全县耕地面积减少到48.58万亩，而人口数量增加到20.47万人，人地矛盾将出现严重危机。从沁水县人民的生存和全县经济可持续发展的高度出发，采取措施，实现全县耕地总量动态平衡刻不容缓。

实际上，沁水县扩大耕地总量仍有很大潜力，只要合理安排，科学规划，集约利用，就完全可以兼顾耕地与建设用地的要求，实现社会经济的全面、持续发展；从控制人口增长，村级内部改造和居民点调整，退宅还田，开发复垦土地后备资源和废弃地等方面着手增大耕地面积。

二、耕地地力与粮食生产能力分析

（一）耕地粮食生产能力

耕地生产能力是决定粮食产量的决定因素之一。近年来，由于种植结构调整和建设用地，退耕还林还草等因素的影响，粮食播种面积在不断减少，而人口在不断增加，对粮食的需求量也在增加。保证全县粮食需求，挖掘耕地生产潜力已成为农业生产中的大事。

耕地的生产能力是由土壤本身肥力作用所决定的，其生产能力分为现实生产能力和潜在生产能力。

1. 现实生产能力 沁水全县现有耕地面积为48.58万亩（包括已退耕还林及园林面积），而中低产田就有38.59万亩之多，占总耕地面积的79.46%，而且大部分为旱地。这必然造成全县现实生产能力偏低的现状。再加之农民对施肥，特别是有机肥的忽视，以及耕作管理措施的粗放，这都是造成耕地现实生产能力不高的原因。2011年，全县粮食播种面积为46.94万亩，粮食总产量为13.33万吨，亩产约284千克；玉米播种面积为24.94万亩，总产量为9.41万吨，亩产约377.3千克/亩；小麦播种面积为12.89万亩，总产量为2.57万吨，亩产约199.2千克/亩；谷子播种面积为2.54万亩，总产量为0.37万吨，亩产约145.4千克/亩；蔬菜面积为1.47万亩，总产量为4.5万吨，亩产为3 062千克（表8-1）。

表 8 - 1　沁水县 2011 年粮食产量统计

粮食类别	总产量（万吨）	平均单产（千克）
粮食总产量	13.33	284.00
小　麦	2.57	199.20
玉　米	9.41	377.30
豆　类	0.49	105.00
谷　子	0.37	145.40
蔬　菜	4.50	3 062.00

目前，沁水县土壤有机质含量平均为 23.49 克/千克，全氮平均含量为 1.6 克/千克，有效磷含量平均为 13.88 毫克/千克，速效钾平均含量为 151.75 毫克/千克。

沁水县耕地总面积 48.57 万亩（包括退耕还林及园林面积），其中水浇地 6.8 万亩，占总耕地面积的 14%，旱地 41.77 万亩，占总耕地面积的 86%，中低产田 38.59 万亩，占总耕地面积的 79.45%，灌溉条件一般，总水量的供需不够平衡。

2. 潜在生产能力　生产潜力是指在正常的社会秩序和经济秩序下所能达到的最大产量。从历史的角度和长期的利益来看，耕地的生产潜力是比粮食产量更为重要的粮食安全因素。

沁水县现有耕地中，一级、二级、三级地占总耕地面积的 69.95%，其亩产大于 500 千克。经过对全县地力等级的评价得出，48.57 万亩耕地以全部种植粮食作物计，其粮食最大生产能力为 18.651 万吨，平均单产可达 384 千克，全县耕地仍有很大生产潜力可挖。

纵观沁水县近年来的粮食、油料作物、蔬菜的平均亩产量和全县农民对耕地的经营状况，全县耕地还有巨大的生产潜力可挖。如果在农业生产中加大有机肥的投入，采取平衡施肥措施和科学合理的耕作技术，全县耕地的生产能力还可以提高。从近几年全区对玉米平衡施肥观察点经济效益的对比来看，平衡施肥区较习惯施肥区的增产率都为 10% 左右，甚至更高。如果能进一步提高农业投入比重，提高劳动者素质，下大力气加强农业基础建设，特别是农田水利建设，稳步提高耕地综合生产能力和产出能力，实现农林牧的结合就能增加农民经济收入。

（二）不同时期人口、食品构成粮食需求分析预测

农业是国民经济的基础，粮食是关系国计民生和国家自立与安全的特殊产品。从新中国成立初期到现在，全县人口数量、食品构成和粮食需求都在发生着巨大变化。新中国成立初期居民食品构成主要以粮食为主，也有少量的肉类食品，水果、蔬菜的比重很小。随着社会进步，生产的发展，人民生活水平逐步提高。到 20 世纪 80 年代初，居民食品构成依然以粮食为主，但肉类、禽类、油料、水果、蔬菜等的比重均有了较大提高。到 2011 年，全县人口增至 20.47 万，居民食品构成中，粮食所占比重有明显下降，肉类、禽蛋、水产品、豆制品、油料、水果、蔬菜、食糖却都占有相当比重。

沁水县粮食人均需求按国际通用粮食安全 400 千克计，全县人口自然增长率以 6.3 ‰ 计，到 2015 年，共有人口 33.37 万人，全县粮食需求总量预计将达 13.35 万吨。因此，人口的增加对粮食的需求产生了极大的影响，也造成了一定的危险。

沁水县粮食生产还存在着巨大的增长潜力。随着资本、技术、劳动投入、政策、制度等条件的逐步完善，全县粮食的产出与需求平衡，终将成为现实。

（三）粮食安全警戒线

粮食是人类生存和社会发展最重要的产品，是具有战略意义的特殊商品，粮食安全不仅是国民经济持续健康发展的基础，也是社会安定、国家安全的重要组成部分。本县由于气候复杂多样，自然灾害如早晚霜危害、旱灾、风灾等频频发生，农业基础设施投入不足，对本县粮食产量影响非常大。

2011 年沁水县的人均粮食占有量为 634.7 千克，虽高于当前国际公认的粮食安全警戒线标准为年人均 400 千克，但人口的增长，耕地面积面积的减少，是必然趋势，所以还需要采取多种措施来稳定耕地面积，加强耕地保养，培肥地力，挖掘潜在生产能力，提高作物单产，才能保障粮食安全。

三、耕地资源合理配置意见

在确保粮食生产安全的前提下，优化耕地资源利用结构，合理配置其他作物占地比例。为确保粮食安全需要，对全县耕地资源进行如下配置：全县现有 48.58 万亩耕地中，其中 38 万亩用于种植粮食，以满足全县人口粮食需求，其余 10.57 万亩耕地用于蔬菜、棉花、水果、中药材、烟草、油料等作物生产，其中瓜菜地 1.47 万亩，占用总耕地面积 3.02%；药材占地 0.05 万亩，占用 0.1%；水果占地 3.5 万亩，占用 7.2%；棉花占地 0.28 万亩，占用 0.6%；薯类占地 1 万亩，占用 2.1%；其他作物占地 4.27 万亩。

根据《土地管理法》和《基本农田保护条例》划定全县基本农田保护区，将水利条件、土壤肥力条件好，自然生态条件适宜的耕地划为口粮和国家商品粮生产基地，长期不许占用。在耕地资源利用上，必须坚持基本农田总量平衡的原则。一是建立完善的基本农田保护制度，用法律保护耕地；二是明确各级政府在基本农田保护中的责任，严控占用保护区内耕地，严格控制城乡建设用地；三是实行基本农田损失补偿制度，实行谁占用、谁补偿的原则；四是建立监督检查制度，严厉打击无证经营和乱占耕地的单位和个人；五是建立基本农田保护基金，县政府每年投入一定资金用于基本农田建设，大力挖潜存量土地；六是合理调整用地结构，用市场经营利益导向调控耕地。

同时，在耕地资源配置上，要以粮食生产安全为前提，以农业增效、农民增收的目标，逐步提高耕地质量，调整种植业结构推广优质农产品，应用优质高效，生态安全栽培技术，提高耕地利用率。

第二节　耕地地力建设与土壤改良利用对策

一、耕地地力现状及特点

耕地质量包括耕地地力和土壤环境质量两个方面，通过 3 年采样调查与评价土壤样品 3 600 个，基本查清了全区耕地地力现状与特点。

通过对沁水县土壤养分含量的分析得知：全县土壤以褐土为主，有机质平均含量为23.49 克/千克，属省二级水平；全氮平均含量为 1.60 克/千克，属省一级水平；有效磷含量平均为 13.88 毫克/千克，属省四级水平；速效钾含量为 151.75 毫克/千克，属省三级水平；有效硫 39.33 毫克/千克，属四级水平；有效铜 1.09 毫克/千克，属三级水平；有效锌 1.39 毫克/千克，属三级水平；有效锰 8.43 毫克/千克，属四级水平；有效铁6.38 毫克/千克，属四级水平；有效硼 0.42 毫克/千克，属五级水平。

（一）耕地土壤养分含量不断提高

从本次调查结果看，沁水县土壤有机质平均为 23.49 克/千克，全氮平均为 1.6 克/千克，碱解氮平均含量为 72.18 毫克/千克，有效磷平均为 13.88 毫克/千克，速效钾平均为151.75 毫克/千克。与 1984 年全国第二次土壤普查时的耕层养分测定结果相比，28 年间，土壤有机质增加了 0.49 克/千克，全氮增加了 0.32 克/千克，有效磷增加了 5.78 毫克/千克，速效钾增加了 16.75 毫克/千克。

（二）耕作历史悠久，土壤熟化度高

沁水县农业历史悠久，土质良好，加以多年的耕作培肥，土壤熟化程度高。据调查，有效土层厚度平均达 90 厘米以上，耕层厚度为 18～25 厘米，适种作物广，生产水平高。

二、存在主要问题及原因分析

（一）中低产田面积较大

据调查，沁水县共有中低产田面积 38.59 万亩，占总耕地面积 79.46％。按主导障碍因素，共分为坡地梯改型、干旱灌溉型和瘠薄培肥型三大类型，其中，坡地梯改型 24.5万亩，占总耕地面积的 50.44％；干旱灌溉型 2.46 万亩，占总耕地面积的 5.07％，瘠薄培肥型 11.63 万亩，占总耕地面积的 23.94％。

中低产田面积大，类型多。主要原因：一是自然条件恶劣。沁水县地形复杂，山、川、沟、垣、堑俱全，水土流失严重；二是农田基本建设投入不足，中低产田改造措施不力。三是农民耕地施肥投入不足，尤其是有机肥施用量仍处于较低水平。

（二）耕地地力不足，耕地生产率低

沁水县耕地虽然经过排、灌、路、林综合治理，农田生态环境不断改善，耕地单产、总产呈现上升趋势，但耕地地力后劲不足，耕地生产率低。究其原因主要有以下方面：一是农民对耕地重"用"轻"养"。近年来，农业生产资料价格一再上涨，农业成本较高，甚至出现种粮赔本现象，大大挫伤了农民种粮的积极性。一些农民通过增施化肥取得产量，耕作粗放，结果致使土壤结构变差，造成土壤养分恶性循环；二是农田基本建设落后，不适应农业发展的需要。虽然本县农田基本建设取得了一定的成绩，但是由于资金不足，缺少提高耕地地力的一些技术和设备，远远不能适应现代农业发展的需要。

（三）施肥结构不合理，施肥方法不科学

作物每年从土壤中带走大量养分，主要是通过施肥来补充。因此，施肥直接影响到土壤中各种养分的含量。近几年在施肥上存在的问题，主要有以下五点：

1. 施肥结构不合理，氮、磷、钾比例失调　目前，有些农民仍按传统的经验施肥，存在着严重的盲目性和随机性。长期的盲目施肥，造成了土壤少氮、缺磷现象的发生，致使施肥不平衡，造成严重量的浪费。

2. 重复混肥料，轻专用肥料　随着我国化肥市场的快速发展，复混（合）肥异军突起，其应用对土壤养分的变化也有影响，许多复混（合）肥杂而不专，农民对其依赖性较大，而对于自己所种作物需什么肥料，土壤缺什么元素，底子不清，导致盲目施肥。

3. 重化肥使用，轻有机肥使用　近些年来，农民将大部分有机肥施于菜田，特别是优质有机肥，而占很大比重的耕地有机肥却施用不足，造成大量的土地板结。

4. 施肥方法不科学　注重底肥的施入，忽视追肥，会使作物生长后期出现脱肥现象。大多数农民在给作物追肥时仍采用人工撒施的办法，虽然省工省力，但极易造成化肥的挥发和流失。

5. 微量元素没有得到应有的重视　由于土壤中的微量元素长期得不到补充，其含量已不能满足作物的生长需要，根据"最小养分律学说"，即使氮、磷、钾的施入比例合理也会影响作物的产量。

三、耕地培肥与改良利用对策

（一）多种渠道提高土壤肥力

1. 增施有机肥，提高土壤有机质　近年来，由于农家肥来源不足和化肥的发展，全县耕地有机肥施用量不够。可以通过以下措施加以解决：①广种饲草，增加畜禽，以牧养农；②大力种植绿肥，种植绿肥是培肥地力的有效措施，可以采用粮肥间作或轮作制度；③大力推广秸秆还田，是目前增加土壤有机质最有效的方法。通过秸秆还田，大幅度增加土壤有机质含量，逐步提高耕地综合生产能力。

2. 合理轮作，挖掘土壤潜力　不同作物需求养分的种类和数量不同，根系深浅不同，吸收各层土壤养分的能力不同，各种作物遗留残体成分也有较大差异。因此，通过不同作物合理轮作倒茬，保障土壤养分平衡。要大力推广粮—菜轮作，粮—油轮作，玉米—大豆立体间套作，小麦—大豆轮作等技术模式，实现土壤养分协调利用。

（二）掌握化肥施用技巧

1. 因肥料品种施肥　在施肥品种上要求农户以复合肥为主配合单质肥料，追肥以碳铵或尿素为主。在缺锌土壤上要补施硫酸锌肥。

2. 因时期施肥　在施肥时期上要求农户在玉米播种前，如果缺磷地块要求底施磷肥，可实行秋施肥，以便更好地利用磷肥的后效，提高磷肥的利用率；氮要一半或 2/3 底施，一半或 1/3 追肥，并且要尽量在玉米拔节期至大喇叭口期追施。补钾和锌地块都要求全部底施。改变本县的一炮轰施肥现象，形成科学合理的施肥方式。

3. 因方法施肥　主要以集中施肥为主，采用沟施或穴施，磷肥可与有机肥一起施用。减少或杜绝撒施现象，以减少肥效的挥发与浪费。

4. 重视施用微肥　微量元素肥料，作物的需要量虽然很少，但对提高产品产量和品质、却有大量元素不可替代的作用。据调查，全县土壤硼、锌、铁等含量均不高，近年来棉花施硼，玉米施锌和小麦施锌试验，增产效果很明显。

（三）因地制宜，改良中低产田

沁水县中低产田面积比较大，占全县耕地面积的 79.46%，这是直接影响耕地地力水平和生产能力的主要原因。作为各级政府，必须从实际出发，加大农田基本建设项目的投入力度，按照当前和长远相结合的原则，因地制宜，抓好中低产田改造，首先，是抓好平田整地、修边垒堾、加厚耕作层；其次，是以搞好以覆盖保墒为主的旱作农业建设；最后，是水利设施建设。通过对中低产田改良，进一步提高全县耕地地力质量。

四、成果应用与典型事例

典型1——沁水县郑庄镇杨圪坨村测土配方施肥与秸秆还田配套应用

沁水县郑庄镇杨圪坨村，全村 128 户，425 人，耕地面积 1 800 亩。种植作物主要为玉米、小麦。从推广秸秆还田技术以来，每年覆盖面积都稳定为 1 000 亩左右，但该村在生产管理上较为粗放，一味重视化肥、轻视农家肥。许多农民在种粮食时，几乎没有考虑土地的肥力，随便撒上一袋化肥了事。加上土壤耕层薄，施肥不科学，严重影响了农作物的良好生长。2011 年，为了更好地推广测土配方施肥技术，在该村集中连片建设了 50 亩玉米测土配方施肥示范方，配套秸秆还田技术模式，示范方平均亩产达到 680 千克，全村玉米平均亩产 550 千克，创历史新高，取得了良好的经济效益，起到了很好的示范带动作用。的主要做法和措施是：一是示范技术科学。为了搞好示范方，提高单产，我们在示范方内确定了测土配方＋秸秆还田技术模式。据测定，该村示范区土壤有机质平均为 16.3 克/千克、碱解氮 62.4 毫克/千克、有效磷 9.2 毫克/千克、速效钾 150 毫克/千克，确定目标产量 650 千克/亩，推荐实施了 N（23）-P_2O_5（15）-K_2O（5）的稳氮增磷补钾施肥措施，并统一品种、统一施肥、统一种植；二是技术指导到位。为保障示范方的顺利实施，本县农委技术人员组成技术指导组，于年初制定了玉米测土配方施肥示范方技术方案，并将测土信息实行上墙公示，公示内容包括测定地块养分含量、评价、推荐配方等内容，为农户科学施肥提供依据，并在农闲时间开展了测土配方技术培训。农忙时进行了实地指导，全年共开展培训 3 期，发放技术资料千余份，培训农民 200 余人，有效地帮助农民解决了有关技术问题；三是示范效果明显。为展示示范效果，为观摩学习，大面积推广树立样板，在王晚如的地块设立了示范效果对比观察点 12 个，面积 2 亩。按照《测土配方施肥技术规范》的要求进行了试验田观察记载、效果评价和总结。据秋后产量统计：配方地块亩产 720 千克，产；亩纯收入 1 240 元；常规施肥地块亩产 600 千克，亩纯收入 1 000 元，配方施肥较常规施肥亩增收入 240 元，示范效果显著。用该农户的话就是"秸秆还田增养分，测土配方夺高产"。

典型2——沁水县柿庄镇万亩示范区配方施肥促农业增效

柿庄镇位于沁水县东北方向，全镇辖 15 个行政村，3 685 户，11 863 人，农作物播种面积 3.29 万亩，种植作物以小麦、玉米为主，其中玉米播种面积 2.5 万亩。近两年来，该县在柿庄镇实施了测土配方施肥补贴项目，以及玉米丰产方建设项目，紧紧围绕"农业增效、农民增收"这个中心，狠抓了1.2万亩优质高产玉米示范基地建设，使柿庄镇玉米产量保持了平稳运行的良好态势。据统计，玉米亩均产量580千克，比去年亩增产60千克，增产率为11.5%。总结经验，主要做法如下：一是加强领导。我们成立了以分管农业县长为测土配方施肥工作领导小组，同时成立了领导小组办公室和技术专家小组。在柿庄镇万亩玉米示范基地也成立了相应的机构，明确了镇、村、示范户三级职责，将技术试验示范、土样采集和测试、推广面积、配方卡、人员培训等任务分解落实；二是抓好宣传。充分利用广播、电视、报刊等新闻媒体，并采取张贴标语横幅、组织宣传车等形式，多渠道、多视角、多层面广泛宣传；三是抓好项目管理。为圆满完成测土配方施肥补贴工作，严格按照项目实施方案、补贴资金管理办法、技术规范、验收办法等文件，明确了岗位责任制，采取有效的监督措施，扎实推进各项工作的开展；四是抓好示范区建设。①做好土样化验及试验示范工作。我们严格按照农业部测土配方施肥技术规范要求，在该乡（镇）采集土样共300个，化验氮、磷、钾及中、微量元素2 000多项数据，并进行了玉米"3414"试验4个，基本摸清了该乡镇土壤养分状况，初步建立了示范区玉米施肥指标体系；②做好玉米生产示范工作。我们把玉米生产示范重点放在该乡（镇）的柿庄、下泊村，主要考虑到这些村的农民接收农业新技术、新品种能力较好，在种植方式上又比较创新。主要采取了"统一供种、统一施肥、统一密度、统一管理、统一测产"措施，玉米品种主要是大丰26、先玉335号，施肥采用小配方施肥，密度按品种要求准确下种，在管理上采取整秆沟埋技术，并设对照，在玉米收获时，我们农委技术人员到示范区亲自测产；③做好配方卡发放及配方施肥点效果评价工作。我们按照土壤测试数据填写好配方卡，由该乡（镇）农科员落实到每个农户，确保了配方卡的到位。并严格按项目要求做好配方施肥点效果评价。通过实施农业项目，提高了该乡（镇）万亩玉米示范基地肥料利用率；玉米亩产均增产60千克，增产11.5%，亩增收120元左右。达到了提高品质、节约成本、农业增效、农民增收的目的。同时，我们在该乡（镇）开展了新型农民工程、科技入户工程、测土配方施肥项目等等一系列的培训，缓解了施肥"三重三轻"、施肥方法不当、施肥不平衡、施肥结构不合理四大矛盾，改变了农民施肥观念，取得了显著的经济、社会和生态效益。

第三节　农业结构调整与适宜性种植

近些年来，沁水县农业的发展和产业结构调整工作取得了突出的成绩，但干旱胁迫严重，土壤肥力有所减退，抗灾能力薄弱，生产结构不良等问题，仍然十分严重。因此，为适应21世纪我国农业发展的需要，增强沁水县优势农产品参与国际市场竞争的能力，有必要进一步对全县的农业结构现状进行战略性调整，从而促进全县高效农业的发展，实现农民增收。

一、农业结构调整的原则

为适应我国社会主义农业现代化的需要，在调整种植业结构中，遵循下列原则：

一是以国际农产品市场接轨，以增强全县农产品在国际、国内经济贸易的竞争力为原则。

二是以充分利用不同区域的生产条件、技术装备水平及经济基地条件，达到趋利避害，发挥优势的调整原则。

三是以充分利用耕地评价成果，正确处理作物与土壤间、作物与作物间的合理调整为原则。

四是采用耕地资源管理信息系统，为区域结构调整的可行性提供宏观决策与技术服务的原则。

五是保持行政村界线的基本完整的原则。

根据以上原则，在今后一般时间内将紧紧围绕农业增效、农民增收这个目标，大力推进农业结构战略性调整，最终提升农产品的市场竞争力，促进农业生产向区域化、优质化、产业化发展。

二、农业结构调整的依据

根据此次耕地质量的评价结果，安排全县的种植业内部结构调整，应依据不同地貌类型耕地综合生产能力和土壤环境质量两方面的综合考虑，具体为：

一是按照三大地貌区 9 个不同类型，因地制宜规划，在布局上做到宜农则农，宜林则林，宜牧则牧。

二是按照耕地地力评价出 1～5 个等级标准，在各个地貌单元中所代表面积的数值衡量，以适宜作物发挥最大生产潜力来分布，做到高产高效作物分布在 1～2 级耕地为宜，中低产田应在改良中调整。

三是按照土壤环境的污染状况，在面源污染、点源污染等影响土壤健康的障碍因素中，以污染物质及污染程度确定，做到该退则退，该治理的采取消除污染源及土壤降解措施，达到无公害、绿色产品的种植要求，来考虑作物种类的布局。

三、土壤适宜性及主要限制因素分析

沁水县土壤因成土母质及土壤发育程度的不同，土壤质地也不一致。土壤质地是指粗细土粒的配合比例，它在很大程度上支配和决定着土壤的农业生产性状。例如土壤的通气、透水、保水、保肥、供水、供肥以及耕作性能等。总的来看，该县的土壤 71.19％为中壤。主要的生产性能是：沙黏比例适中，通气透水性能良好，保水保肥能力强，宜耕期较长，适宜种植作物广，是农业工人生产较为理想的土壤质地。在改良措施上，应主要抓好地力的培肥和水土保持工作，因地制宜挖掘其最大潜力。其次，28.21％为重壤，主要生产性能是：质地黏重，土体紧实，通气透水性能较差，宜耕期短或者难耕作。土温低而慢，昼夜温差小，不发小苗，但后期生长旺盛。今后要重点抓好翻沙压黏，客土改良，增诱热性肥料，追肥要适当早施，以满足作物整个生育期间对养分的需求，促进生长发育。因此，综合以上土壤特性，本县土壤适宜性强，小麦、玉米、谷子、马铃薯等粮食作物及经济作物，如棉花、蔬菜、西瓜、药材、苹果等都适宜本县种植。

但种植业的布局除了受土壤质地作用外，还要受到地理位置、水分条件等自然因素和经济条件的限制。因此，在种植业的布局中，必须充分考虑到各地的自然条件、经济条件，合理利用自然资源，对布局中遇到的各种限制因素，应考虑到它影响的范围和改造的可行性，合理布局生产，最大限度地、持久地发掘自然的生产潜力，做到地尽其力。

四、种植业布局分区建议

根据沁水县自然、经济的条件和主要农作物的生态适应性，结合本次耕地地力调查与质量评价结果，将沁水县划分为三大种植区，分区概述：

（一）河谷、阶地粮、菜、果、桑优势种植区

该区包括端氏镇、加丰镇、郑庄镇、郑村镇 4 个乡（镇），区域耕地面积 198 204.5 亩，占总耕地面积的 40.8%。

1. 区域特点　本区海拔较低，地势平坦，土壤肥沃，水土流失轻微，部分河流宽谷阶地、一级、二级阶地及河漫滩，地下水位较浅，水源比较充足，水利设施好，园田化水平高，交通便利，农业生产条件优越。年平均气温 12℃，年降水 583 毫米，无霜期 205 天，气候温和，热量充足，农业生产水平较高，农作物可一年两熟或两年三熟。本区土壤耕性良好，适种性广，施肥水平较高。本区土壤为褐土性土、褐土、潮土、冲积土和红黏土 5 个亚类，是本县的粮、菜、果、桑优势种植区。

区内土壤有机质含量为 21.31 克/千克，属省二级水平；全氮为 1.37 克/千克，属省二级水平；有效磷 11.89 毫克/千克，属省四级水平；速效钾 163.05 毫克/千克，属省三级水平；有效硫 35.04 毫克/千克，属省四级水平；有效铜 1.29 毫克/千克，属省三级水平；有效锰 10.6 毫克/千克，属省四级水平；有效锌 1.45 毫克/千克，属省三级水平；有效铁 5.96 毫克/千克，属省四级水平；有效硼 0.38 毫克/千克，属省五级水平。

2. 种植业发展方向　本区以建设粮、果、桑、菜四大基地为主攻方向。大力发展一年两作高产高效粮田，扩大蔬菜面积各果桑种植面积。在现有基础上，优化结构，建立无公害生产基地。

3. 主要保障

（1）加大土壤培肥力度，全面推广多种形式秸秆还田，以增加土壤有机质，改良土壤理化性状。

（2）注重作物合理轮作，坚决杜绝连茬多年的习惯。

（3）全力以赴搞好基地建设，通过标准化建设、模式化管理、无害化生产技术应用，使基地取得明显的经济效益和社会效益。

（二）低山丘陵粮、果、桑、药材种植区

该区主要指龙港、土沃、张村、胡底、固县、十里、柿庄、苏庄 8 个乡（镇）。海拔高度为 550～1 100 米之间，相对高差 500 米。面积 2 988 870 亩，占全县总面积的 74.9%。区内耕地面积 231 482.93 亩，占全县总耕地面积的 47.69%。

1. 区域特点　本区多呈低山丘陵区，由于冲刷和风蚀作用，耕地多呈现丘陵坡地、

沟川地、沟坝地，水土流失严重。土壤以褐土性土、潮土、石质土、石灰质褐土 4 个亚类为主，成土母质多为黄土，年平均气温 10.8℃，无霜期可达 185 天，光照充足，是本县粮、果、桑、药材种植区。

区内土壤有机质含量 19.1 克/千克，属省三级水平；全氮为 1.54 克/千克，属省一级水平；有效磷 13.84 毫克/千克，属省四级水平；速效钾 151 毫克/千克，属省三级水平；有效硫 40.83 毫克/千克，属省四级水平；有效铜 0.96 毫克/千克，属省四级水平；有效锰 7.47 毫克/千克，属省四级水平；有效锌 1.34 毫克/千克，属省三级水平；有效铁 6.14 毫克/千克，属省四级水平；有效硼 0.43 毫克/千克，属省五级水平。

2. 种植业发展方向　本区以粮食为主，积极发展果树、桑园、药材，建立生产基地。

3. 主要保障措施

（1）广辟有机肥源，增施有机肥，改良土壤，提高土壤保水保肥能力。

（2）因地制宜，搞好测土配方施肥，合理施用化肥。

（3）发展无公害果蔬，形成规模，提高市场竞争力。重点抓好柿庄镇果树生产基地和土沃中药基地建设。

（4）进一步抓好平田整地，整修梯田，建好"三保田"。

（5）积极推广旱作技术和高产综合技术，提高科技含量。

（三）中山淋溶褐土、粗骨土粮、薯、中药材区

该区主要指中村、樊村 2 个乡（镇）以及十里、柿庄北部和沁晋、沁高交界外的岳神山、老马岭和山中岭一线。面积 893 715 亩，占总面积的 22.4%。区内耕地面积 35 934.82 亩，占总耕地面积的 11.51%.

1. 区域特点　本区呈现为中山貌区，成土母质为黄土及黄土状物质，土壤以淋溶褐土、钙质粗骨土、棕壤为主。年平均气温低于 10℃，无霜期短，仅为 140 天。

区内耕地有机质含量为 24.62 克/千克，属省二级水平；全氮为 1.22 克/千克，属省二级水平；有效磷 11.77 毫克/千克，属省四级水平；速效钾 146.65 毫克/千克，属省四级水平；有效硫 41.76 毫克/千克，属省四级水平；有效铜 0.85 毫克/千克，属省四级水平；有效锰 5.93 毫克/千克，属省四级水平；有效锌 1.59 毫克/千克，属省二级水平；有效铁 7.24 毫克/千克，属省四级水平；有效硼 0.57 毫克/千克，属省五级水平。

2. 种植业发展方向　光照充足，昼夜温差大，以玉米为主，可以种植马铃薯、小杂粮，同时还可以发展一部分中药材。要合理规划，宜林则林，宜牧则牧，充分利用资源，提高农民收入。

3. 主要保障措施

（1）减少水土流失，优化生态环境，注重推广蓄雨纳墒技术。

（2）选用抗旱良种，采用配套栽培措施，提高农作物产量和品质。

（3）加强技术培训，提高农民素质。

五、农业远景发展规划

沁水县农业的发展，应进一步调整和优化农业结构，全面提高农产品品质和经济效益，建立和完善全县耕地质量管理信息系统，随时服务布局调整，从而有力促进全县农村经济的快速发展。现根据各地的自然生态条件、社会经济技术条件，特提出"十二五"发展规划如下：

一是全县粮食占有耕地 38 万亩，集中建立 20 万亩国家优质玉米生产基地、3 万亩无公害谷子基地、8 万亩小杂粮基地。

二是建立无公害蔬菜生产基地 2.2 万亩。

三是建立中药材（以连翘为主）生产基地 4.5 万亩。

四是建立无公害高标准果园区 3.5 万亩。

五是建立高标准桑园 2.8 万亩。

综上所述，面临的任务是艰巨的，困难也是很大的。所以，要下大力气克服困难，努力实现既定目标。

第四节　耕地质量管理对策

耕地地力调查与质量评价成果为全县耕地质量管理提供了依据，耕地质量管理决策的制定，成为全县农业可持续发展的核心内容。

一、建立依法管理体制

（一）工作思路

以发展优质高效、生态、安全农业为目标，以耕地质量动态监测管理为核心，以土壤地力改良利用为重点，通过农业种植业结构调查，合理配置现有农业用地，逐步提高耕地地力水平，满足人民日益增长的农产品需求。

（二）建立完善行政管理机制

1. 制订总体规划　坚持"因地制宜、统筹兼顾，局部调整、挖掘潜力"的原则，制订全县耕地地力建设与土壤改良利用总体规划，实行耕地用养结合，划定中低产田改良利用范围和重点，分区制定改良措施，严格统一组织实施。

2. 建立以法保障体系　制定并颁布《沁水县耕地质量管理办法》，设立专门监测管理机构，县、乡、村三级设定专人监督指导，分区布点，建立监控档案，依法检查污染区域项目治理工作，确保工作高效到位。

3. 加大资金投入　县政府要加大资金支持，县财政每年从农发资金中列支专项资金，用于全县中低产田改造和耕地污染区域综合治理，建立财政支持下的耕地质量信息网络，推进工作有效开展。

（三）强化耕地质量技术实施

1. 提高土壤肥力　组织县、乡农业技术人员实地指导，组织农户合理轮作，平衡施肥，安全施药、施肥，推广秸秆还田、种植绿肥、施用生物菌肥，多种途径提高土壤肥力，降低土壤污染，提高土壤质量。

2. 改良中低产田　实行分区改良，重点突破。干旱灌溉区重点抓好灌溉配套设施的改造、节水浇灌、挖潜增灌、引黄扩灌、扩大浇水面积，丘陵、山区中低产区要广辟肥源，深耕保墒，轮作倒茬，粮草间作，扩大植被覆盖率，修整梯田，达到增产增效目标。

二、农业惠农政策与耕地质量管理

目前，农业税费改革政策的出台必将极大调整农民粮食生产积极性，成为耕地质量恢复与提高的内在动力，对全县耕地质量的提高具有以下几个作用：

1. 加大耕地投入，提高土壤肥力 目前，沁水县丘陵面积大，中低产田分布区域广，粮食生产能力较低。强农惠农政策的落实有利于提高单位面积耕地养分投入水平，逐步改善土壤养分含量，改善土壤理化性状，提高土壤肥力，保障粮食产量恢复性增长。

2. 改进农业耕作技术，提高土壤生产性能 农民积极性的调动，成为耕地质量提高的内在动力，将促进农民平田整地，耙糖保墒，加强耕地机械化管理，缩减中低产田面积，提高耕地地力等级水平。

3. 采用先进农业技术，增加农业比较效益 采取有机旱作农业技术，合理优化适栽技术，加强田间管理，节本增效，提高农业比较效益。

三、扩大无公害农产品生产规模

在国际农产品质量标准市场一体化的形势下，扩大沁水县无公害农产品生产成为满足社会消费需求和农民增收的关键。根据耕地地力调查与质量评价结果为依据，充分发挥区域比较优势，合理布局，规模调整。一是粮食生产上，在全县发展 20 万亩无公害优质玉米，3 万亩无公害优质谷子、8 万亩优质小杂粮；二是在蔬菜生产上，发展无公害蔬菜 2.2 万亩；三是建立中药材（以连翘为主）生产基地 4.5 万亩；四是建立无公害高标准果园区 3.5 万亩；五是建立高标准桑园 2.8 万亩。为达到上述目标要求，采取以下管理措施：

1. 建立组织保障体系 设立沁水县无公害农产品生产领导小组，下设办公室，地点在县农业委员会。组织实施项目列入县政府工作计划，单列工作经费，由县财政负责执行。

2. 加强质量检测体系建设 成立县级无公害农产品质量检验技术领导小组，县、乡下设两级监测检验的网点，配备设备及人员，制定工作流程，强化监测检验手段，提高检测检验质量，及时指导生产基地技术推广工作。

3. 制定技术规程 组织技术人员建立全县无公害农产品生产技术操作规程，重点抓好平衡施肥，合理施用农药，细化技术环节，实现标准化生产。

4. 打造绿色品牌 重点实施好无公害玉米、谷子、蔬菜等生产。

四、加强农业综合技术培训

自 20 世纪 80 年代起，沁水县就建立起县、乡、村三级农业技术推广网络。县农业技术推广中心牵头，搞好技术项目的组织与实施，负责划区技术指导，行政村配备 1 名科技副村长，在全县设立农业科技示范户。先后开展了小麦、玉米、果树、蔬菜、中药材等优质高产高效生产技术培训，推广了旱作农业、生物覆盖、小麦地膜覆盖、双千创优工程及设施蔬菜"四位一体"综合配套技术。

现阶段，在这次耕地地力调查与质量评价的基础上，县农委要充分发挥县、乡、村三级农业技术推广网络的作用，认真抓以下几方面技术培训：①宣传加强农业结构调整与耕地资源有效利用的目的及意义；②全县中低产田改造和土壤改良相关技术推广；③耕地地力环境质量建设与配套技术推广；④绿色、无公害农产品生产技术操作规程；⑤农药、化肥安全施用技术培训；⑥农业法律、法规、环境保护相关法律的宣传培训。

通过技术培训，使全县农民掌握必要的知识与生产实行技术，推动耕地地力建设，提高农业生态环境、耕地质量环境的保护意识，发挥主观能动性，不断提高全县耕地地力水平，以满足日益增长的人口和物资生活需求，为全面建设小康社会打好农业发展基础平台。

第五节　耕地资源管理信息系统的应用

耕地资源信息系统以一个县行政区域内耕地资源为管理对象，应用 GIS 技术，对辖区内的地形、地貌、土壤、土地利用、农田水利、土壤污染、农业生产基本情况、基本农田保护区等资料进行统一管理，构建耕地资源基础信息系统，并将其数据平台与各类管理模型结合，对辖区内的耕地资源进行系统的动态管理，为农业决策、农民和农业技术人员提供耕地质量动态变化规律、土壤适宜性、施肥咨询、作物营养诊断等多方位的信息服务。

本系统行政单元为村，农业单元为基本农田保护块，土壤单元为土种，系统基本管理单元为土壤、基本农田保护块、土地利用现状叠加所形成的评价单元。

一、领导决策依据

这次耕地地力调查与质量评价直接涉及耕地自然要素、环境要素、社会要素及经济要素 4 个方面，为耕地资源信息系统的建立与应用提供了依据。通过全县生产潜力评价、适宜性评价、土壤养分评价、科学施肥、经济性评价、地力评价及产量预测，及时指导农业生产的发展，为农业技术推广应用作好信息发布，为用户需求分析及信息反馈打好基础。主要依据：一是全县耕地地力水平和生产潜力评估为农业远期规划和全面建设小康社会提供了保障；二是耕地质量综合评价，为领导提供了耕地保护和污染修复的基本思路，为建立和完善耕地质量检测网络提供了方向；三是耕地土壤适宜性及主要限制因素分析为全县农业调整提供了依据。

二、动态资料更新

这次沁水县耕地地力调查与质量评价中，耕地土壤生产性能主要包括地形部位、土体构型较稳定的物理性状、易变化的化学性状、农田基础建设 5 个方面。耕地地力评价标准体系与 1984 年土壤普查技术标准出现部分变化，耕地要素中基础数据有大量变化，为动态资料更新提供了新要求。

（一）耕地地力动态资源内容更新

1. 评价技术体系有较大变化　本次调查与评价主要运用了"3S"评价技术。在技术方法上，采用文字评述法、专家经验法、模糊综合评价法、层次分析法、指数和法；在技术流程上，应用了叠置法确定评价单元，空间数据与属性数据相连接，采用特尔菲法和模糊综合评价法，确定评价指标，应用层次分析法确定各评价因子的组合权重，用数据标准化计算各评价因子的隶属函数并将数值进行标准化，应用了累加法计算每个评价单元的耕地力综合评价指数，分析综合地力指数，分布划分地力等级，将评价的地方等级归入农业部地力等级体系，采取 GIS、GPS 系统编绘各种养分图和地力等级图等图件。

2. 评价内容有较大变化　除原有地形部位、土体构型等基础耕地地力要素相对稳定以外，土壤物理性状、易变化的化学性状、农田基础建设等要素变化较大，尤其是土壤容重、有机质、pH、有效磷、速效钾指数变化明显。

3. 增加了耕地质量综合评价体系　土样化验检测结果为全县绿色、无公害农产品基地建立和发展提供了理论依据。图件资料的更新变化，为今后全县农业宏观调控提供了技术准备，空间数据库的建立为全县农业综合发展提供了数据支持，加速了全县农业信息化快速发展。

（二）动态资料更新措施

结合本次耕地地力调查与质量评价，沁水县及时成立技术指导组，确定专门技术人员，从土样采集、化验分析、数据资料整理编辑，电脑网络连接畅通，保证了动态资料更新及时、准确，提高了工作效率和质量。

三、耕地资源合理配置

（一）目的意义

多年来，沁水县耕地资源盲目利用，低效开发，重复建设情况十分严重，随着农业经济发展方向的不断延伸，农业结构调整缺乏借鉴技术和理论依据。这次耕地地力调查与质量评价成果对指导全县耕地资源合理配置，逐步优化耕地利用质量水平，对提高土地生产性能和产量水平具有现实意义。

沁水县耕地资源合理配置思路是：以确保粮食安全为前提，以耕地地力质量评价成果为依据，以统筹协调发展为目标，用养结合，因地制宜，内部挖潜，发挥耕地最大生产效益。

（二）主要措施

1. 加强组织管理，建立健全工作机制　县级要组建耕地资源合理配置协调管理工作体系，由农业、土地、环保、水利、林业等职能部门分工负责，密切配合，协同作战。技术部门要抓好技术方案制定和技术宣传培训工作。

2. 加强耕地保养利用，提高耕地地力　依照耕地地力等级划分标准，划定全县耕地地力分布界限，推广平衡施肥技术，加强农田水利基础设施建设，平田整地，淤地打坝，中低产田改良，植树造林，扩大植被覆盖面，防止水土流失，提高梯（园）田化水平。采用机械耕作,加深耕层,熟化土壤,改善土壤理化性状,提高土壤保水保肥能力。划区制定技术改良方案,将全县耕地地力水平分级划分到村、到户,建立耕地改良档案,定期定人检查验收。

3. 重视粮食生产安全,加强耕地利用和保护管理 根据全县农业发展远景规划目标,要十分重视耕地利用保护与粮食生产之间的关系。人口不断增长,耕地逐年减少,要解决好建设与吃饭的关系,合理利用耕地资源,实现耕地总面积动态平衡,解决人口增长与耕地矛盾,实现农业经济和社会可持续发展。

总之,耕地资源配置,主要是各土地利用类型在空间上的整体布局;另一层含义是指同一土地利用类型在某一地域中是分散配置还是集中配置。耕地资源空间分布结构折射出其地域特征,而合理的空间分布结构可在一定程度上反映自然生态和社会经济系统间的协调程度。耕地的配置方式,对耕地产出效益的影响截然不同,经过合理配置,农村耕地相对规模集中,既利于农业管理,又利于减少投工投资,耕地的利用率将有较大提高。

一是严格执行《基本农田保护条例》,增加土地投入,大力改造中低产田,使农田数量与质量稳步提高;二是园地面积要适当调整,淘汰劣质果园,发展优质果品生产基地;三是搞好河川地有效开发,增加可利用耕地面积。加大小流域综合治理,在搞好耕地整治规划的同时,治山治坡、改土造田、基本农田建设与农业综合开发结合进行;四是要采取措施,严控企业占地,严控农村宅基地占用一级、二级耕田;五是加大废旧砖窑和农村废弃宅基地的返田改造,盘活耕地存量调整,"开源"与"节流"并举,加快耕地使用制度改革。实行耕地使用证发放制度,促进耕地资源的有效利用。

四、土、肥、水、热资源管理

(一)基本状况

沁水县耕地自然资源包括土、肥、水、热资源。它是在一定的自然和农业经济条件下逐渐形成的,其利用及变化均受到自然、社会、经济、技术条件的影响和制约。自然条件是耕地利用的基本要素。热量与降水是气候条件最活跃的因素,对耕地资源影响较为深刻,不仅影响耕地资源类型形成,更重要的是直接影响耕地的开发程度、利用方式、作物种植、耕作制度等方面。土壤肥力则是耕地地力与质量水平基础的反映。

1. 光热资源 沁水县属暖温带大陆性季风气候区,境内地形地貌较为复杂,形成各地小气候的差异。主要特点是:大陆性气候明显,四季分明,夏季短暂,冬季慢长。雨热同季,季风强盛;春季干燥多风、十年九旱;夏季炎热多雨,雨热不均;秋季温和宜人,阴雨稍多;冬季寒冷寡照,雨雪较少,地方性风盛行。年均气温为10.6℃,7月最热,平均气温达22℃,极端最高气温达25.8℃。1月最冷,平均气温-2.7℃,最低气温-6.8℃。县域热量资源丰富,全县年积温为3 556.9~4 702.2℃。其中≥10℃的积温为2 465~4 160℃。历年平均日照时数为2 610.6小时,无霜期195天。

2. 降水与水文资源 沁水县全年降水量为610毫米,雨量分布受地貌影响十分显著,其分布规律是:一是凉区大于温区大于暖区;二是近风大于背风坡;三是坡梁大于沟谷。年降水量变化为560~750毫米,年平均降水日数为86天,各地降水量的平均相对变率为

17%～21%。降水一般集中在 7 月、8 月、9 月这 3 个月，占全年降水量的 59%，而冬春雨雪稀少，12 月至翌年 5 月降水总量仅占全年降水 20%。县城每年降水量一般为 540～750 毫米。

沁水县北高南低，是黄河一级支流沁河的流经区之一。全县各主要河流除中村河汇入汾河水系外，均汇入沁河水系。河流自然降水补水明显，是正常降水量达 2.23 亿立方米。水文网较发达，流域面积达 2 456 平方千米，占总面积的 92%。共有水源 8 亿立方米，其中地表水 6.3 亿立方米，占 71%，地下水 2.5 亿立方米，占 29%。

3. 土壤肥力水平　沁水县耕地地力平均水平较低，依据《山西省中低产田类型划分与改良技术规程》，分析评价单元耕地土壤主要障碍因素，全县中低产田类型面积 38.59 亩，占总耕地面积的 79.45%，主要包括坡地梯改型、干旱灌溉型、瘠薄培肥型 3 个类型。全县耕地土壤类型为：褐土、潮土、新积土、粗骨土、石质土、红黏土、棕壤七大类，其中褐土分布面积较广，占 93.82%；新积土占 2.1%；潮土占 1.91%；红黏土占 0.56%；粗骨土占 0.39%；石质土占 0.37%；棕壤占 0.05%。全县土壤质地较好，主要分为轻壤、中壤、重壤三级，其中壤约占 70%。土壤 pH 为 6.01～8.36，平均值为 7.78。

（二）管理措施

在沁水县建立土壤、肥力、水热资源数据库，依照不同区域土、肥、水热状况，分类分区划定区域，设立监控点位、定人、定期填写检测结果，编制档案资料，形成有连续性的综合数据资料，有利于指导全县耕地地力恢复性建设。

五、科学施肥体系与灌溉制度的建立

（一）科学施肥体系建立

沁水县平衡施肥工作起步较早，最早始于 20 世纪 70 年代未定性的氮磷配合施肥，80 年代初为半定量的初级配方施肥，90 年代以来，有步骤定期开展土壤肥力测定，逐步建立了适合全县不同作物、不同土壤类型的施肥模式。在施肥技术上，提倡"增施有机肥，稳施氮肥，增施磷，补施钾肥，配施微肥和生物菌肥"。

根据沁水县耕地地力调查结果看，土壤有机质含量有所回升，平均含量为 23.49 克/千克，属省二级水平，比第二次土壤普查 23 克/千克，提高了 0.49 克/千克；全氮平均含量 1.6 克/千克，属省一级水平，比第二次土壤普查 1.28 克/千克，提高 00.32 克/千克；有效磷平均含量为 13.88 毫克/千克，属省四级水平，比第二次土壤普查 8.1 毫克/千克，提高 5.78 毫克/千克。速效钾平均含量为 151.75 毫克/千克，比第二次土壤普查 135 毫克/千克，提高 16.75 毫克/千克。

1. 调整施肥思路　以节本增效为目标，立足抗旱栽培，着力提高肥料利用率，采取"稳氮、增磷、补钾、配微"原则，坚持有机肥与无机肥相结合，合理调整养分比例，按耕地地力与作物类型分期供肥，科学施用。

2. 施肥方法

（1）因土施肥：不同土壤类型保肥、供肥性能不同，施肥方式也不同。一般采取将肥料底施加追施的办法，尽量避免"一炮轰"的办法。

（2）因品种施肥：肥料品种不同，施肥方法也不同。对碳酸氢铵等易挥发性化肥，必须集中深施覆盖土，一般为 10～20 厘米，硝态氮肥易流失，宜作追肥，不宜大水漫灌；尿素为高浓度中性肥料，作底肥和叶面喷肥效果最好，在旱地做基肥集中条施。磷肥易被土壤固定，常作基肥和种肥，要集中沟施，且忌撒施土壤表面。

（3）因苗施肥：对基肥充足，生长旺盛的田块，要少量控制氮肥，少追或推迟追肥时期；对基肥不足，生长缓慢田块，要施足基肥，多追或早追氮肥；对后期生长旺盛的田块，要控氮补磷施钾。

3. 选定施用时期 因作物选定施肥时期。玉米追肥宜选在拔节期和大喇叭口期施肥，同时可采用叶面喷施锌肥；小麦追肥宜选在拔节期追肥；叶面喷肥选在孕穗期和扬花期；马铃薯追肥宜在齐苗至团棵期进行。

在作物喷肥时间上，要看天气施用，要选无风、晴朗天气，早上 8：00～9：00 或下午 16：00 以后喷施。

4. 选择适宜的肥料品种和合理的施用量施肥 在品种选择上，增施有机肥、高温堆沤积肥、生物菌肥；严格控制硝态氮肥施用，忌在忌氯作物上施用氯化钾，提倡施用硫酸钾肥，补施铁肥、锌肥、硼肥等微量元素化肥。在化肥用量上，要坚持无害化施用原则，一般菜田，亩施腐熟农家肥 3 000～5 000 千克、尿素 25～30 千克、磷肥 40 千克、钾肥 10～15 千克。日光温室以番茄为例，一般亩产 6 000 千克，亩施有机肥 4 500 千克、氮肥（N）25 千克、磷（P_2O_5）23 千克，（K_2O）16 千克，配施适量硼、锌等微量元素。

（二）灌溉制度的建立

沁水县地下水资源储藏量较大，但由于地下水位低，取水难度大，在农业生产上，主要采取抗旱节水灌溉为主。

1. 旱地区集雨灌溉模式 主要采用有机旱作技术模式，深翻耕作，加深耕层，平田整地，提高园（梯）田化水平，地膜覆盖，垄际集雨纳墒，秸秆覆盖蓄水保墒，高灌引水，节水管灌等配套技术措施，提高旱地农田水分利用率。

2. 扩大井水灌溉面积 水源条件较好的旱地，打井造渠，利用分畦浇灌或管道渗灌、喷灌，节约用水，保障作物生育期一次透水。平川井灌区要修整管道，按作物需水高峰期浇灌，全生育期保证浇水 2～3 次，满足作物生长需求。切忌大水漫灌。

（三）体制建设

在沁水县建立科学施肥与灌溉制度，农业、技术部门要严格细化相关施肥技术方案，积极宣传和指导；水利部门要抓好淤地打坝、井灌配套等基本农田水利设施建设，提高灌溉能力；林业部门要加大荒坡、荒山植树植被、绿色环境，改善气候条件，提高年际降水量；农业环保部门要加强基本农田及水污染的综合治理，改善耕地环境质量和灌溉水质量。

六、信息发布与咨询

耕地地力与质量信息发布与咨询，直接关系到耕地地力水平的提高，关系到农业结构调整与农民增收目标的实现。

（一）体系建立

以沁水县农业技术部门为依托，在省、市农业技术部门的支持下，建立耕地地力与质量信息发布咨询服务体系，建立相关数据资料展览室，将全县土壤、土地利用、农田水利、土壤污染、基本农业田保护区等相关信息融入电脑网络之中，充分利用县、乡两级农业信息服务网络，对辖区内的耕地资源进行系统的动态管理，为农业生产和结构调整做好耕地质量动态变化、土壤适宜性、施肥咨询、作物营养诊断等多方位的信息服务。在乡村建立专门试验示范生产区，专业技术人员要做好协助指导管理，为农户提供技术、市场、物资供求信息，定期记录监测数据，实现规范化管理。

（二）信息发布与咨询服务

1. 农业信息发布与咨询 重点抓好玉米、小麦、蔬菜、水果、中药材等适栽品种供求动态、适栽管理技术、无公害农产品化肥和农药科学施用技术、农田环境质量技术标准的入户宣传、编制通俗易懂的文字、图片发放到每家每户。

2. 开辟空中课堂抓宣传 充分利用覆盖全县的电视传媒信号，定期做好专题资料宣传，并设立信息咨询服务电话热线，及时解答和解决农民提出的各种疑难问题。

3. 组建农业耕地环境质量服务组织 在沁水县乡村选拔科技骨干及科技副村长，统一组织耕地地力与质量建设技术培训，组成农业耕地地力与质量管理服务队，建立奖罚机制，鼓励他们谏言献策，提供耕地地力与质量方面信息和技术思路，服务于全县农业发展。

4. 建立完善执法管理机构 成立由县土地、环保、农业等行政部门组成的综合行政执法决策机构，加强对全县农业环境的执法保护。开展农资市场打假，依法保护利用土地，监控企业污染，净化农业发展环境。同时配合宣传相关法律、法规，让群众家喻户晓，自觉接受社会监督。

第六节 沁水县优质小麦耕地适宜性分析报告

小麦历年来是沁水县粮食作物的第二大支柱产业，常年种植面积保持为 13 万亩左右。近年来随着食品工业的快速发展和人们生活水平的不断提高，对优质小麦的需求呈上升趋势。因此，充分发挥区域优势，搞好优质小麦生产，对提升小麦产业化水平，满足市场需求，提高市场竞争力意义重大。

一、优质小麦生产条件的适宜性分析

沁水县属暖温带大陆性季风气候，光热资源丰富，雨热同季集中，年平均降水量 643 毫米，年平均日照时数 2 610 小时，年平均气温为 10.3℃，全年无霜期 195 天左右，历年通过 10℃的积温达 3 800℃，土壤类型主要为褐土、潮土，理化性能较好，为优质小麦生产提供了有利的环境条件，优质小麦主产区包括龙港、端氏、郑庄、加丰、郑村、胡底 6 个乡（镇），总耕地面积 28.98 万亩，小麦种植面积每年约 9.57 万亩，占到了全县小麦部播种面积的 73.6%。

优质小麦产区耕地地力现状：有机质含量 20.36 克/千克，属省二级水平；全氮 1.29 克/千克，属省二级水平；有效磷 11.71 毫克/千克，属省四级水平；速效钾 158.4 毫克/千克，属省三级水平；缓效钾 745.08 毫克/千克，属省三级水平；有效硫 29.7 毫克/千克，属省四级水平；有效铜 1.26 毫克/千克，属省三级水平；有效锰 10.81 毫克/千克，属省四级水平；有效锌 1.24 毫克/千克，属省三级水平；有效铁 6.36 毫克/千克，属省四级水平；有效硼 0.38 毫克/千克，属省五级水平。

二、优质小麦生产技术要求

（一）引用标准

GB 3095—1982　大气环境质量标准

GB 9137—1988　大气污染物允许浓度标准

GB 5084—1992　农田灌溉水质标准

GB 15618—1995　土壤环境质量标准

GB 3838—1988　国家地下水环境质量标准

GB 4285—1989　农药安全使用标准。

（二）具体要求

1. 土壤条件　优质小麦的生产必须以良好的土、肥水、热、光等条件为基础。实践证明，耕层土壤养分含量一般应达到下列指标，有机质（12.2±1.48）克/千克，全氮（0.84±0.08）克/千克，有效磷（29.8±14.9）毫克/千克，速效钾（91±25）毫克/千克为宜。

2. 生产条件　优质小麦生产在地力、肥力条件较好的基础上，要较好地处理群体与个体矛盾，改善群体内光照条件，使个体发育健壮，达到穗大、粒重、高产，全生长期 220～250 天，降水量 400～800 毫米。

（三）播种及管理

1. 种子处理　要选用分蘖高、成穗率高、株型较紧凑、光合能力强、落黄好、抗倒伏、抗病、抗逆性好的良种，要求纯度达 98％、发芽率 95％、净度达 98％以上。播前选择晴朗天气晒种，要针对性用绿色生物农药进行拌种。

2. 整地施肥　水浇地复种指数较高，前茬收获后要及时灭茬，深耕，耙糖。本着以产定肥，按需施肥的原则，产量水平 300～400 千克的麦田，亩施纯氮 10～12 千克，纯磷 7～9 千克，纯钾 4～6 千克，锌肥 1.5～2 千克，有机肥 3000 千克；产量水平 200～300 千克的麦田，亩施纯氮 9～11 千克，纯磷 6～8 千克，纯钾 3～5 千克，锌肥 1～1.5 千克，有机肥 2 000 千克。

3. 播种　优质小麦播种以 9 月 25 日至 10 月 10 日播种为宜，播种量以每亩 8～10 千克为宜。

4. 管理

（1）出苗后管理：出苗后要及时查苗补种，这是确保全苗的关键。出苗后遇雨，待墒情适宜时，及时精耕划锄，破除板结，通气，保根系生长。

（2）冬前管理：首先要疏密补稀，保证苗全苗均。于 4 叶前再进行查苗，疏密补稀，补后踏实并在补苗处浇水。深耕断根，浇冬水前，在总蘖数充足或过多的麦田，进行隔行深耕断根，控上促下，促进小麦根系发育。其次是浇冬水，于冬至小雪期间浇水。墒情适宜时及时划锄。

（3）春季管理：返青期精细划锄，以通气、保墒，提高地温，促根系发育。起身期或拔节期追肥浇水。地力高、施肥足、群体适宜或偏大的麦田，宜在拔节期追肥浇水；地力一般、群体略小的麦田，宜在起身期追肥浇水。追肥量为氮素占50%。浇足孕穗水，浇透浇足孕穗水有利于减少小花退化，增加穗粒数，保证土壤深层蓄水，供后期吸收利用。

在施肥上要考虑到：氮磷配合能改善籽粒营养品质；增施钾肥改善植株氮代谢状况；增施磷肥，可增加籽粒赖氨酸、蛋氨酸含量，改善加工品质；增施硼、锌等微量元素，可提高蛋白质含量；采用开花成熟期适当控水，能减轻生育后期灌水对小麦籽粒蛋白质和沉降值下降的不利影响，从而达到高产优质的目的。

（4）后期管理：首先，是孕穗期到成熟期浇好灌浆水；其次，是预防病虫害，及时防治叶锈病和蚜虫等。对蚜虫用10%蚜虱净4～7克/亩，对叶锈病用20%粉锈宁1 200倍液或12.5%力克菌4 000倍液喷雾。防治及时可大大提高小麦千粒重；三是叶面喷肥，在小麦孕穗桃旗期和灌浆初期喷施光合微肥、磷酸二氢钾或FA旱地龙，可提高小麦后期叶片的光合作用，增加千粒重。

三、优质小麦生产目前存在的问题

（一）土壤有效磷含量部分田块偏低

土壤肥力是提高农作物产量的条件，是农业生产持续上升的物质基础。从土壤养分分析结果来看，沁水县优质小麦产区有效磷含量与优质小麦生产条件的标准相比部分地块偏低。生产中存在的主要问题是增加磷肥施用量。

（二）土壤养分不协调

从优质小麦对土壤养分的要求来看，优质小麦产区土壤中全氮含量相对偏低，速效钾的平均含量为中等偏上水平，而有效磷含量则与要求相差甚远。生产中存在的主要问题是氮、磷、钾配比不当，注重磷、钾肥施用。

（三）微量元素肥料施用量不足

微量元素大部分存在于矿物晶格中，不能被植物吸收利用，而微量元素对农产品品质有着不可替代的作用，生产中存在的主要问题是农户微肥施用量较低，甚至有不施微肥的现象。

四、优质小麦生产的对策

（一）增施有机肥

一是积极组织农户广开肥源，培肥地力，努力达到改善土壤结构，提高纳雨蓄墒的能力；二是大力推广小麦、玉米秸秆覆盖等还田技术；三是狠抓农机具配套，扩大秸秆翻压还田面积；四是加快有机肥工厂化进程，扩大商品有机肥的生产和应用。在施用的有机肥的过程中，农家肥必须经过高温发酵，不得施用未经腐熟的厩肥、泥肥、饼肥、人粪尿等。

（二）合理调整肥料用量和比例

首先，要合理调整化肥和有机肥的施用比例，无机氮与有机氮之比不超过 1∶1；其次，要合理调整氮、磷、钾施用比例，比例为 1∶（0.8～1）∶0.4。

（三）合理增施磷钾肥

以"适氮、增磷、补钾"为原则，合理增施磷钾肥，保证土壤养分平衡。

第七节　沁水县耕地质量状况与谷子种植标准化生产的对策研究

谷子是沁水县主要粮食作物之一，主要分布在龙港镇、郑庄镇、端氏镇、加丰镇、郑村镇、胡底乡、张村乡 7 个乡（镇）。近年来，随着本县农业产业结构的调整，以及市场对谷子需求的增加，谷子生产面积也在逐年加大。

一、主产区耕地质量现状

通过本次调查结果可知，沁水县谷子产区土壤理化性状为：有机质含量平均值为 19.92 克/千克，属省三级水平；全氮含量平均值为 1.24 克/千克，属省二级水平；有效磷含量平均值为 11.47 毫克/千克，属省四级水平；速效钾含量平均值为 155.6 毫克/千克，属省三级水平；缓效钾含量平均值为 734.49 毫克/千克，属省三级水平；有效铜含量平均值为 0.96 毫克/千克，属省四级水平；有效锰含量平均值为 8.19 毫克/千克，属省四级水平；有效锌含量平均值为 1.44 毫克/千克，属省三级水平；有效铁含量平均值为 5.2 毫克/千克，属省四级水平；有效硼含量平均值为 0.3 毫克/千克，属省五级水平。

二、谷子种植标准技术措施

（一）引用标准

GB 3095　环境空气质量标准

GB 15618　土壤环境质量标准

GB 4285　农药安全使用标准

GB/T 8321　农药合理使用准则

（二）栽培技术措施

1. 选地　基于谷子种子小，后期怕涝、怕"腾伤"的特点，应选择土壤肥沃、通风、排水性好、易耕作、无污染源的丘陵垛地种植为好；避免种在窝风、低洼、易积水的地块。谷子不宜连作，应轮作倒茬。前茬以大豆、薯类、玉米为好。

2. 施足基肥　秋季收获作物后，每亩施经高温腐熟的优质农家肥 3 000～4 000 千克、碳酸氢铵 50 千克、过磷酸钙 50 千克。所有肥料结合秋耕壮垡一次底施。

禁止施用的肥料有：一是未经无害化处理的城市垃圾、医院的粪便、垃圾和含有有害物质的工业垃圾；二是硝态氮肥和未腐熟的饼肥、人粪尿；三是未获准省以上农业部门登记的肥料产品。

3. 秋耕壮垡　清理秸秆根茬—施肥—深耕—平整—耙耢，要求达到净、深、透、细、平，即根茬净，犁深为26厘米以上，应犁透，不隔犁，细犁，细耙，耕层无明暗坷垃，地面平整。

4. 播前整地　播前将秋耕壮垡的地块，进行浅拱、耙耢、平整、清除杂草，使土壤上虚下实。

5. 品种选择　谷子属于短日照喜温作物，对光温条件反应敏感。必须选用适合当地栽培，优质、高产、抗病性强的、通过省级认定的优良品种。种子质量应符合GB 4404.1—1996的有关规定。选择适合当地品种。目前本县主推品种有：晋谷21、晋谷35。

6. 种子处理　播种前15天左右，选晴天将谷种薄薄摊开2～3厘米厚，暴晒2～3天。

7. 播种

（1）播期选择：以立夏至小满为宜，可依品种、土壤墒情灵活掌握。生育期长的品种可适当早播，反之，则应适当推迟播期；土壤墒情好时，可适当晚播。

（2）土壤墒情：播种时0～5厘米土壤含水量应以13％～16％为宜（手抓起一把土壤能捏成团，掉在地上可散开）。

（3）播量：一般每亩播种0.8～1.0千克。

（4）播种方式：采用机播耧为好，也可用土耧，行距为26～33厘米。大小行种植时，宽行40～45厘米，窄行16～23厘米。

（5）播种深度：播深以4～5厘米为宜，最深不超过6.6厘米。

（6）播后镇压：播后随耧镇压。若土壤过湿，应晾墒后再镇压，可采用石砘镇压或镇压器镇压，也可人工踩压。播后遇雨，要及时镇压，破除地表板结。

8. 苗期管理

（1）幼苗快出土时，压碎坷垃，踏实土壤，防止"悬苗"或"烧尖"。

（2）在4叶一心时，及时间苗，每亩留苗3万株左右，密度可根据地力和施肥水平适当调整，应避免荒苗，间苗时浅锄、松土、围苗、除草，促根深扎、促苗壮发。

（3）留苗密度：肥沃地每亩留苗2.5万～3万株；坡梁地每亩留苗1.5万～2万株。

（4）中耕除草：第一次中耕结合定苗浅锄，围土稳苗；25～30厘米时中耕培土，深锄、细锄，深度5～7厘米；苗高50厘米时，中耕培土，防止倒伏。

9. 拔节孕穗期管理

（1）清垄：8叶期将谷行中的谷莠子、杂草、病虫株及过多的分蘖等拔除，减少病虫、杂草的危害和水肥的无为消耗，使苗脚清爽、通风透光。

（2）中耕除草：在清垄时或清垄后及时进行中耕，深度10～15厘米，除掉行间杂草，促根多发、深扎，增强根系吸收水肥能力和土壤蓄水保墒能力。

（3）追肥：在10叶期，对一些地力较差、底肥不足的地块，可采取8叶期只清垄不中耕，10叶期结合追肥进行深中耕，每亩追施尿素5～8千克。

（4）高培土：为防倒伏、增蓄水，在孕穗期要进行高培土。

（5）防"胎里旱"、"卡脖旱"：严重干旱时，在孕穗期每亩用抗旱剂0.1～0.15千克，兑水 60 千克进行叶面喷施，缓解"胎里旱"、"卡脖旱"。

10. 后期管理 为防早衰，提高穗粒数，增加粒重，谷子抽穗后，需进行叶面追肥（即根外追肥）。一般用 2% 尿素和 0.2% 磷酸二氢钾和 0.2% 硼酸溶液，进行叶面喷洒，每亩喷施 40～60 千克。喷施时间应在扬花期和灌浆期进行。

（三）病虫害防治

谷子主要病害有谷子白发病、黑穗病，主要害虫有粟灰螟、蛴螬、金针虫、蝼蛄。

1. 农业防治 采取轮作倒茬、科学施肥、处理根茬、选用抗病品种、种子处理、加强栽培管理等一系列有效措施，防治病虫害。

2. 物理防治 根据害虫生物学特性，利用昆虫性诱剂、糖醋液、黑光灯等干扰成虫交配和诱杀成虫。

3. 生物防治 人工释放赤眼蜂，保护和助迁田间瓢虫、草蛉、捕杀螨、寄生蜂、寄生蝇等天敌，使用中等毒性以下的植物源、动物源和微生物源农药进行防治。

4. 化学防治 要加强病虫害的预测预报，做到有针对性的适时防治。未达防治指标或益害虫比合理的情况下不用药；严禁使用禁用农药和未核准登记的农药；根据天敌发生特点，合理选择农药种类、施用时间和施用方法，保护天敌；根据病虫害的发生特点，注意交替和合理使用农药，以延缓病虫产生抗药性，提高防治效果；严格控制施药量与安全间隔期。

5. 主要病虫害防治措施

（1）谷子白发病：将种子放在浓度 10% 盐水中，捞出上面秕谷、杂质，将下沉种子捞出用清水洗 2～3 遍，晾干后用 35% 瑞毒霉按种子量 0.3% 均匀拌种。

（2）谷子黑穗病：将种子放在浓度 20% 石灰水中浸种 1 小时，去除秕谷、杂质，捞出晾干，用 40% 拌种双按种子量 0.2% 均匀拌种。

（3）粟灰螟：春季将谷田根茬全部清理干净，并集中烧掉。6 月上中旬，当谷田平均 500 株谷苗有 1 块卵或出现个别枯心苗时，用苏云金杆菌 300 倍液或 2.5% 溴氰菊酯 4 000 倍液或 20% 氰戊菊酯 3 000 倍液喷雾防治。

（4）蛴螬、金针虫、蝼蛄：一是推荐使用包衣种子（种子包衣剂成分不含高毒、高残留物质）；二是未经包衣种子可用 50% 辛硫磷乳油按种子量 0.2% 拌种，闷种 4 小时，晾干后播种。

（5）黏虫：黏虫防治在幼虫 2～3 龄期，谷田有虫 20～30 头/平方米时，用 Bt 乳剂 200 倍液或 90% 晶体敌百虫 500～1 000 倍液喷雾，或每亩用 2.5% 敌百虫粉喷粉。也可利用黏虫成虫的趋化性，用糖醋液诱杀黏虫成虫，或在 7 月中旬至 8 月下旬二代成虫数量上升时，用杨树枝把火谷草把诱蛾产卵，每天日出前用捕虫网套住树枝将虫震落于网内杀死。每亩插设 2～3 个杨树枝把或谷草把，5 天更换 1 次。

（四）适时收获

9 月底至 10 月初谷穗变黄、籽粒变硬、穗码变干时，适时收获。谷子收获应连秆一起运回或放倒在田间 3～5 天（俗称"歇腰"），然后再切穗脱粒。

（五）运输、储藏

1. 运输 运输工具要清洁、干燥，有防雨设施。严禁与有毒、有害、有腐蚀性、有异味的物品混运。

2. 贮藏　应在避光、低温、清洁、干燥、通风、无虫鼠害的仓库贮存。入库谷子含水量不大于 13%。严禁与有毒、有害、有腐蚀性、易发霉、有异味的物品混存。

三、谷子标准化生产存在的问题

1. 土壤养分含量不高　土壤养分含量基本属中等水平，主要表现在有机肥施用量少，甚至不施。

2. 微量元素肥施用不足　生产谷子的地块微量元素平均含量基本属于低等水平，尤其是有效锰、有效铁、有效硼、有效硫等含量较低，农户基本不重视微肥施用，基本不施。

3. 化肥施用不合理　农户偏施氮肥现象相当普遍，影响了谷子品质。

4. 地块过小，机械化程度不高　谷子生产地块主要选择在山地、坡地，一般地块面积都比较小，机械化生产困难。

四、谷子标准化生产对策

1. 提高土壤养分含量　严格按照谷子生产的措施，按每亩 3 000～4 000 千克农家肥底施，一次性施足，并在此基础上，施入一定量的化肥。

2. 科学施肥　建议：一是在秋耕时，进行秋施肥；二是少施氮肥，氮、磷、钾要平衡施肥；三是在微量元素含量较少的地块，进行补充微量元素肥量，可底施，也可叶面喷施。

3. 加大农田基本建设　加大农田基本建设的目的，是谷子生产的地块要适应机械化生产的要求。一是采取修边垒堰，将坍塌地块修整；二是将小地块变大地块。

第八节　沁水县耕地质量状况与马铃薯标准化生产的对策研究

一、马铃薯生产条件的适宜性分析

沁水县属暖温带大陆性季风气候。境内由于海拔悬殊，地形复杂，导致气温差别较大。尤其是中西部地区气候冷凉，年降雨量丰沛，土壤类型主要为山地褐土，有机质含量较高，土壤质地较轻，特别适宜马铃薯生长。

马铃薯产区主要集中在龙港镇、中村镇 2 个乡（镇），耕地地力现状：有机质含量平均值为 24.22 克/千克，属省二级水平；全氮含量平均值为 1.28 克/千克，属省二级水平；有效磷含量平均值为 13.89 毫克/千克，属省四级水平；速效钾含量平均值为 156.4 毫克/千克，属省三级水平；缓效钾含量平均值为 781.64 毫克/千克，属省三级水平；有效铜含量平均值为 1.14 毫克/千克，属省三级水平；有效锰含量平均值为 9.57 毫克/千克，属省四级水平；有效锌含量平均值为 1.63 毫克/千克，属省二级水平；有效铁含量平均值为 9.17 毫克/千克，属省四级水平；有效硼含量平均值为 0.47 毫克/千克，属省五级水平；有效硫含量平均值为 41.92 毫克/千克，属省四级水平。

二、马铃薯生产技术要求

（一）引用标准

GB 3095—1982　大气环境质量标准

GB 9137—1988　大气污染物允许浓度标准

GB 5084—1992　农田灌溉水质标准

GB 15618—1995　土壤环境质量标准

GB 3838—1988　国家地下水环境质量标准

GB 4285—1989　农药安全使用标准

GB/T 15517.1—1995　农药残留检测

（二）具体要求

1. 土壤　马铃薯对土壤的适应性较广，但较适宜在 pH 为 4.8～6.8 的土壤中生长，过酸会出现植株早衰，过碱不利于出苗生长及疮痂病发生严重。土壤过黏易板结，不利薯块膨大，过沙肥力差，产量不高。最适宜种植在富含有机质、松软、排灌便利的壤质土。

2. 温度　解除休眠的薯块，在 5℃ 时芽条生长很缓慢，随着温度逐步上升至 22℃，生长随之相应加快；25～27℃ 的高温下茎叶生长旺盛，易造成徒长；15～18℃ 最适宜薯块的生长，超过 27℃，则薯块生长缓慢。马铃薯整个生长发育期的适宜温度为 10～25℃。

3. 光照　马铃薯在长日照下，植株生长很快。在生育期间，光照不足或荫蔽缺光的地方，茎叶易于发生徒长，延迟生长发育，抗病力减弱；短日照有利于薯块形成，一般每天日照时数为 11～13 小时最为适宜，超过 15 小时，植株生长旺盛，则薯块产量下降。结薯期处于短日照，强光和配以昼夜温差大，极利于促进薯块生长而获得高产。

4. 水分　马铃薯既怕旱又怕涝，喜欢在湿润的条件下生长。所以，要经常保持土壤湿润，土壤水分保持在 60%～80% 比较适宜。土壤水分超过 80% 对植株生长有不良影响，尤其在后期积水超过 24 小时时，薯块易腐烂。在低洼地种植马铃薯，要注意排除渍水或实行高畦种植。

5. 养分　马铃薯的生长发育对氮、磷、钾三要素的要求，需钾肥最多，氮肥次之，磷肥较少。氮、磷、钾肥的施用最好能根据土壤肥力，实行测土配方施肥。

（三）马铃薯的栽培技术要点

1. 选用适宜品种及脱毒种薯　根据不同的土壤条件和气候特点选用适宜的品种，目前本县主要引进种植和示范推广的良种主要有：紫花白、东北白、金冠及同薯 23 号等。宜选用脱毒马铃薯原种或一级、二级种薯，杜绝用商品薯做种薯。

2. 种薯处理　种薯应选择健康无病、无破损、表皮光滑、储藏良好且具有该品种特征的薯块，大小一致，每个种薯重 30～50 克，最好整薯播种，可避免切块传病和薯块腐烂造成缺株，但薯块较大的种薯可进行切块种植。种薯在催芽或播种前应进行消毒处理，用 200～250 倍液的福尔马林液浸种 30 分钟，或用 1 000 倍液稀释的农用链霉素、细菌杀喷雾等。

3. 适时种植　为了确保马铃薯高产增收，适宜在 4 月下旬至 5 月上旬播种。

4. 选地整地　选择前作玉米的地块、土壤疏松，富含有机质，肥力中等以上，土层深厚的田块，进行深耕、平整。

5. 重施基肥 一般每亩施用农家肥 4 000 千克、碳酸氢铵 100 千克，磷肥（过磷酸钙）50 千克，硫酸钾 15 千克，将它们充分拌匀，开挖 10 厘米深的种植沟，均匀撒施于种植沟内，然后覆少量土。

6. 合理密植 根据土壤肥力状况和品种特性而确定合理的种植密度，一般肥力条件下，按每亩种植 3 000～3 300 株为宜，每亩用种量 120～150 千克。在施有基肥的种植沟内按株距 30 厘米点放种薯，单株种植，芽眼向上，然后盖 3～5 厘米细土。

7. 田间管理

（1）苗期管理：种后 30 天即可全苗，此时应及时深锄一次使土壤疏松通气，除草培土。

（2）现蕾期管理：现蕾期要进行第二次中耕除草，此次只蹚不铲，以免铲断肉质延生根，蹚土压草与手工拔除相结合防止草荒。结合培土，每亩施硫酸钾 15 千克、尿素 8 千克。同时，为了节省养分，促进块茎生长，应及时掐去花蕾，见蕾就掐。

（3）开花期管理：必须在开花期植株封行前完成培土，根据降水情况（如土壤持续 15 天干旱）要适时浇水，促进提早进入结薯期。在盛花期要注意观察，发生徒长的可喷施多效唑抑制徒长。

（4）结薯期管理：结薯期应避免植株徒长，特别是块茎膨大期对肥水要求较高，只靠根系吸收已不能满足植株的需要，可采用 0.5％的尿素与 0.3％的磷酸二氢钾混合液进行叶面喷施，土壤持水量保持在 80％左右。

8. 防治病虫害 马铃薯的主要病害有青枯病、晚疫病、卷叶病毒病、锈病、霜霉病；主要虫害有蚜虫、浮尘子、二十八星瓢虫、地老虎、金龟子等。应结合田间管理做好病虫害的防治工作，在整个生育期内发现病株要及时拔除，并清除地上和地下病株残体。

（1）病毒病防治：现蕾期前及时发现和拔除病毒感染的花叶、卷叶、叶片皱缩、植株矮化等症状的病株，在发病初期用 1.5％的植病灵乳剂 1 000 倍液或病毒 A 可湿性粉剂 500 倍液喷雾防治。

（2）晚疫病防治：在开花后或发生期喷洒 64％的杀毒矾可湿性粉剂 500 倍液或 1∶1∶200 的波尔多液，每 7～10 天喷 1 次，连喷 2～3 次。

（3）蚜虫防治：出苗后 25 天，采用 40％氧化乐果乳油、功夫、灭蚜威等 500～1 000 倍液喷雾防治。

（4）马铃薯瓢虫防治：用 90％敌百虫 1 000 倍液，或氧化乐果 1 500 倍液，或 2.5％敌杀死 5 000 倍液均匀喷雾。

9. 适期收获 当马铃薯生长停止，茎叶逐渐枯黄，匍匐茎与块茎容易脱落时应及时收获。收获过早块茎不成熟，干物质积累少，产量低；收获过迟，容易造成烂薯，降低品质，影响产量。选择晴天挖薯，按薯块大小分类存放，薯块表面水分晾干后，置于通风、阴凉、干燥的地方贮藏。

三、马铃薯生产目前存在的问题

1. 施肥不合理 从马铃薯产区农户施肥量调查看，施肥利用率较低。从马铃薯生产施肥过程中看，存在的主要问题是氮、磷、钾配比不当。

2. 微量元素肥料施用量不足 微量元素大部分存在于矿物质中，不能被植物吸收利用，而微量元素对农产品品质有着不可替代的作用，生产中存在的主要问题是农户微肥施用量较低，甚至有不施微肥的现象。

3. 播期过早 从沁水县看，马铃薯播种期主要集中在 4 月上旬前后，播期过早，不利于马铃薯生产。

四、马铃薯生产的对策

1. 增施有机肥，提高土壤水分利用率 一是积极组织农户广开肥源，培肥地力，努力达到改善土壤结构，提高纳雨蓄墒的能力；二是玉米与马铃薯轮作时，大力推广玉米秸秆覆盖、二元双覆盖、玉米秸秆粉碎还田等还田技术；三是狠抓农机具配套，扩大秸秆翻压还田面积；四是加快和扩大商品有机肥的生产和应用。在施用的有机肥的过程中，农家肥必须经过高温发酵，不得施用未经腐熟的厩肥、泥肥、饼肥、人粪尿等。

2. 合理调整肥料用量和比例 首先，要合理调整氮、磷、钾施用比例。其次，要合理增施磷钾肥，保证土壤养分平衡。

3. 科学施微肥 在合理施用氮、磷、钾肥的基础上，要科学施用微肥，以达到优质、高产目的。

4. 延迟播期 马铃薯开花至膨大期是需水肥量最大时期，结合沁水县降雨，延迟播种期，一般在 4 月下旬至 5 月上旬播种，使它与马铃薯需水肥最大时期相遇，有利于提高肥料利用率。

第九节　耕地质量及苹果生产措施探讨

近年来，随着果业高新技术的进一步推广，广大果农果业素质得到了大幅度提高，生产的苹果个大、色艳、风味浓等，且经济效益好。5 年生以上苹果园，亩产 2 000～2 500 千克，亩产值达 4 000～5 000 元。为了进一步搞好苹果生产，我们利用这次耕地养分调查与质量评价，对苹果生产做出如下技术探讨。

一、自然概况

沁水县苹果面积主要分布柿庄镇的峪里村、下泊村和郑庄镇的南大村，土壤类型主要为褐土性土，土壤质地多为中壤，年平均气温 10℃，≥10℃以上积温为 3 700℃，降水量为 610 毫米，年平均日照时数 2 382 小时，无霜期平均为 190 天。

二、主产区耕地质量现状

通过本次调查结果可知，沁水县果树主产区耕地土壤理化性状为：有机质平均含量为

16.31 克/千克，属三级水平；全氮平均含量为 0.96 克/千克，属四级水平；有效磷平均含量为 13.35 毫克/千克，属四级水平；速效钾平均含量为 177.93 毫克/千克，属三级水平；缓效钾 783.62 毫克/千克，属三级水平；pH 为 7.7。

从果园施肥情况来看，均施有机肥和化肥。就有机肥而言，施肥量普遍偏少，很难生产出优质果品。化肥的使用，不管是施肥量上，还是氮磷钾配比上均缺乏科学性，盲目施肥。

三、基本对策和措施

1. 增施有机肥，推广生草制　对于结果树，优质有机肥作为基肥一般要求在 9 月上中旬施入果园，采用挖槽、深翻等形式，按照以产定肥的原则进行施肥，施肥量要达到"斤果 0.75～1 千克肥"标准。同时，实施免耕，采用覆草、行间种草等措施，增加土壤有机质，以达到培肥地力的目的，适宜本区果园种植的草种有白三叶、百脉根、鸭茅草等。

2. 平衡施肥　进入盛果期的苹果树，所施入的化肥量应以产量而定，每产果 100 千克，需补充纯氮 550 克，纯磷 280 克，纯钾 550 克，施肥沟位置应在树冠外缘多向开挖，深度约 20 厘米。

盛果期苹果树施化肥应在花前施第一次，以氮肥为主；第二次追肥在春梢旺长和果实膨大期施入三元复合肥，并配以微量元素；第三次在 9 月上旬，以基肥为主，配合过磷酸钙和少量氮肥。

注重果园喷硼和补钙。花期喷硼、氮液：0.2% 硼砂＋0.2～0.3% 尿素。一般落花后 7～10 天开始喷钙肥，每隔 7 天 1 次，共喷 3 次。另外，在生长季节要加强其他微量元素的喷施。

3. 灌溉　年生长周期中，以"花开灌足，春梢旺长期灌好，果实膨大期灌多，封冻水适量"为原则进行，最好配备喷、滴灌设施。

4. 整形修剪　矮化密植园苹果树形采用自由纺锤形或细长纺锤形。要求中干直立，主枝均匀分布，单轴延伸，开张角度 85°左右，稳定性主枝 13～15 个，树高不超过行距。结果树枝量 8～10 万个。盛果期苹果树新梢生长量在 30 厘米左右，长、中、短枝比例为 1：5：8，果实采收后，保叶率在 90% 以上，乔化苹果树树形采用开心形树形为宜。

5. 花果管理

（1）在中心花开放时进行人工授粉 2～3 次或果园放蜂。

（2）花期喷硼。

（3）疏花疏果。每 20～25 厘米保留一花序，其他疏除。根据树势及产量指标适当控制留果量。

（4）实施果实套袋、摘叶、转果、铺反光膜等技术，提高果品质量。

6. 病虫害防治　加大综合防治力度，搞好病虫害测报，注重选用昆虫性外激素和生物杀虫剂，不用有机磷等农药残留量较高的剧毒农药，保证食用安全，增加果农经济效益。本县苹果树主要病虫害有：腐烂病、早期落叶病、根腐病、白粉病、红蜘蛛、金纹细蛾、桃小食心虫等。防治办法遵照《沁水县无农药残毒苹果生产技术规程》进行防治。

7. 积极进行环境治理　加大农业执法力度，防止耕地环境受到污染。

图书在版编目（CIP）数据

沁水县耕地地力评价与利用 / 丁炜主编 . —北京：
中国农业出版社，2017.5
ISBN 978-7-109-22775-0

Ⅰ.①沁… Ⅱ.①丁… Ⅲ.①耕作土壤－土壤肥力－
土壤调查－沁水县②耕作土壤－土壤评价－沁水县 Ⅳ.
①S159.225.4②S158.2

中国版本图书馆 CIP 数据核字（2017）第 039603 号

中国农业出版社出版
（北京市朝阳区麦子店街 18 号楼）
（邮政编码 100125）
责任编辑 杨桂华

中国农业出版社印刷厂印刷 新华书店北京发行所发行
2017 年 5 月第 1 版 2017 年 5 月北京第 1 次印刷

开本：787mm×1092mm 1/16 印张：8.75 插页：1
字数：210 千字
定价：80.00 元
（凡本版图书出现印刷、装订错误，请向出版社发行部调换）

沁 水

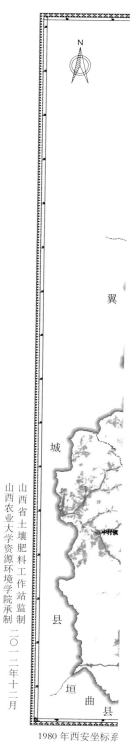

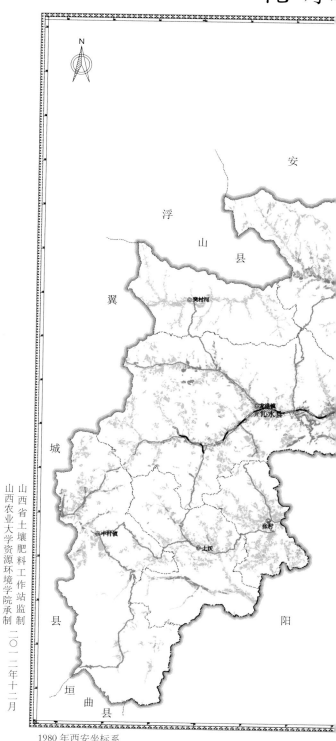

山西省土壤肥料工作站监制
山西农业大学资源环境学院承制
二〇一二年十二月

1980 年西安坐标系
1956 年黄海高程系
高斯—克吕格投影

县中低产田分布图

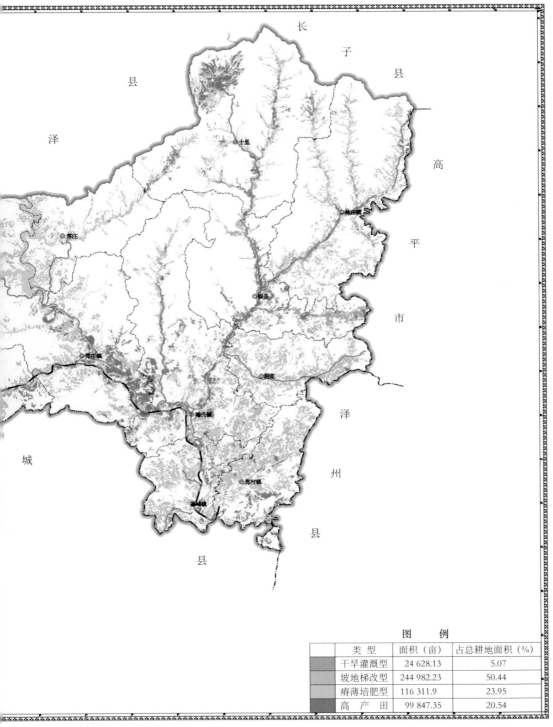

类　型	面积（亩）	占总耕地面积（%）
干旱灌溉型	24 628.13	5.07
坡地梯改型	244 982.23	50.44
瘠薄培肥型	116 311.9	23.95
高 产 田	99 847.35	20.54

图　例

比例尺　1：500 000